JN234663

わかりやすい
数理統計の基礎

伊藤正義・伊藤公紀 著

森北出版株式会社

●本書のサポート情報を当社 Web サイトに掲載する場合があります．下記の URL にアクセスし，サポートの案内をご覧ください．

　　　　　　　　　http://www.morikita.co.jp/support/

●本書の内容に関するご質問は，森北出版 出版部「(書名を明記)」係宛に書面にて，もしくは下記の e-mail アドレスまでお願いします．なお，電話でのご質問には応じかねますので，あらかじめご了承ください．

　　　　　　　　　editor@morikita.co.jp

●本書により得られた情報の使用から生じるいかなる損害についても，当社および本書の著者は責任を負わないものとします．

■本書に記載している製品名，商標および登録商標は，各権利者に帰属します．

■本書を無断で複写複製（電子化を含む）することは，著作権法上での例外を除き，禁じられています．複写される場合は，そのつど事前に(社)出版者著作権管理機構（電話 03-3513-6969，FAX 03-3513-6979，e-mail：info@jcopy.or.jp）の許諾を得てください．また本書を代行業者等の第三者に依頼してスキャンやデジタル化することは，たとえ個人や家庭内での利用であっても一切認められておりません．

まえがき

　本書は大学初年度の学生を対象とした統計学2単位用の教科書あるいは参考書として使用することを念頭に書いたものである．

　統計学の講義時間数は，これまで大学では1年間4単位で講義されていたが，セメスタ制（2期制）の導入などで半期2単位に縮小されたところも多くみられるようになった．そのため講義内容についても半期という時間的な制約からどうしても基礎的な部分に主眼をおいたものにならざるをえないものとなろう．

　本書は，このようなことを念頭に初学者向きに統計学の基本的な考え方をわかりやすく解説することに心掛けて書いたものである．したがって，内容もその目的に沿うように次の点に特徴をもたせている．

（1）　基礎的な概念を明確に説明することに重点をおき，そのためにより具体的な身近な題材をできるだけ多く例題に取り入れ，その問題を実際に解くことによりその理解を助けるように留意した．

（2）　統計学の内容をより深く理解するためには，どうしても数学上の予備知識が必要となるが，本書では初心者によく理解できるように初歩程度の数学の利用にとどめることとした．

（3）　大学や研究室などでは，実験・実習などで得られるデータ数はあまり大きなものでなく，むしろ小標本の場合が多い．この場合のデータの取扱いについても十分考慮した．

　以上のように，本書は初学者が統計学の考え方をしっかりと理解し，データを解析する力を身につけるとともに，さらに統計学をより深く学習したいと望む人に役立たせていただければ著者にとって誠に幸いである．

　最後に，本書を刊行するにあたって企画から出版までいろいろとお世話くださいました森北出版（株）第三出版部長の利根川和男氏に対し深く感謝申し上る．

2002年1月

著　者

目　　次

第1章　データの整理
1.1　度数分布 …………………………………………………………… 1
　1.1.1　データの整理と度数分布表　　1
　1.1.2　相対度数分布と累積度数分布　　3
1.2　代表値と散布度 …………………………………………………… 4
　1.2.1　代表値　　5
　1.2.2　散布度　　7
1.3　相関と回帰 ………………………………………………………… 12
　1.3.1　散布図　　12
　1.3.2　相関係数　　14
　1.3.3　回帰直線　　15
1章・演習問題　20

第2章　確率と確率分布
2.1　確　率 ……………………………………………………………… 22
　2.1.1　試行と事象　　22
　2.1.2　確率の考え方　　24
　2.1.3　確率の基本的な性質　　25
　2.1.4　条件付き確率と事象の独立　　26
2.2　確率変数 …………………………………………………………… 27
　2.2.1　確率変数とその分布　　27
　2.2.2　確率変数の平均値と分散　　33
　2.2.3　離散的な確率分布　　35
　2.2.4　連続的な確率分布　　38
2章・演習問題　44

第3章　標本分布
3.1　母集団と標本 ……………………………………………………… 46

3.2 標本分布 ……………………………………………………………… 47
   3.2.1 標本平均 $\overline{X}$ の分布　*47*
   3.2.2 χ^2 分布　*49*
   3.2.3 t 分布　*51*
   3.2.4 F 分布　*53*
3章・演習問題　*56*

第4章 推　　定
4.1 推定の考え方 ………………………………………………………… 57
4.2 母平均の推定 ………………………………………………………… 60
   4.2.1 母集団分布が $N(\mu, \sigma^2)$ で母分散 σ^2 が既知の場合　*60*
   4.2.2 母集団分布が $N(\mu, \sigma^2)$ で母分散 σ^2 が未知の場合　*61*
4.3 母分散の推定 ………………………………………………………… 63
   4.3.1 母集団分布が $N(\mu, \sigma^2)$ で μ が既知の場合　*63*
   4.3.2 母集団分布が $N(\mu, \sigma^2)$ で μ が未知の場合　*65*
4.4 母比率の推定 ………………………………………………………… 66
   4.4.1 大標本の場合　*66*
   4.4.2 小標本の場合　*68*
4.5 母相関係数の推定 …………………………………………………… 69
4章・演習問題　*71*

第5章 検　　定
5.1 検定の考え方 ………………………………………………………… 72
5.2 母平均の検定 ………………………………………………………… 74
   5.2.1 母分散 σ^2 が既知である場合　*74*
   5.2.2 母分散 σ^2 が未知である場合　*75*
5.3 母平均の差の検定 …………………………………………………… 77
   5.3.1 母分散 σ_1^2, σ_2^2 が既知である場合　*77*
   5.3.2 母分散 σ_1^2, σ_2^2 が未知であるが等しい場合　*78*
   5.3.3 2つの標本に対応のある場合　*79*
5.4 分散比の検定 ………………………………………………………… 81
5.5 母分散の検定 ………………………………………………………… 83
   5.5.1 母平均 μ が未知である場合　*83*

  5.5.2 母平均 μ が既知である場合　*84*
5.6　母相関係数の検定 …………………………………………*86*
5.7　母比率の検定 ………………………………………………*87*
  5.7.1 母比率 $p=p_0$ の検定　*87*
  5.7.2 2つの比率の差の検定　*88*
5.8　適合度の検定 ………………………………………………*89*
  5.8.1 単純仮説のとき　*89*
  5.8.2 複合仮説のとき　*91*
5.9　独立性の検定 ………………………………………………*92*
  5.9.1 $l \times m$ 分割表　*92*
  5.9.2 2×2 分割表　*94*
5章・演習問題　*96*

演習問題解答 ……………………………………………………*99*
参　考　書 ………………………………………………………*112*
付　　　表 ………………………………………………………*113*
さ く い ん ………………………………………………………*121*

第1章 データの整理

1.1 度数分布

1.1.1 データの整理と度数分布表

ある集団についてのある特性を調査した結果，それに関する１つのデータが得られる．このようなある特性を数量で表したものを**変量**という．変量のうち，身長，体重，温度などのように連続的な数値をとるものを**連続変量**といい，人数，物の個数，事故件数などのように計数として数えられるものを**離散変量**という．

これらの変量をいくつかの区間に整理・分類し表にすることによって，集団に関する特性を総合的に概観的に把握することができ，また，平均値や標準偏差の計算が容易にできる．この表を**度数分布表**という．度数分布表では，区間を**階級**（または**級**）といい，その階級に属するデータの個数を**度数**という．この場合，階級の幅を**級間隔**といい，一般には一定とする．また，この階級に入る測定値はどれもその階級の中央の値に等しいものとして取り扱う．この階級の中央の値を**階級値**という．

◆**例 1.1**　次の表 1.1 のデータは S 市の保健所で実施した「3 歳児検診」における 50 人の体重の測定結果である．このデータについての度数分布表を作成せよ．

表 1.1　　　　　　　　　　　　（単位 kg）

13.6,	15.0,	12.2,	12.0,	13.3,	12.2,	11.4,	14.0,	13.2,	15.8,	12.3,	14.6,	12.8,
15.4,	12.2,	12.0,	14.4,	15.8,	14.0,	14.2,	10.8,	15.0,	13.0,	13.8,	13.0,	12.8,
11.0,	12.2,	15.4,	12.4,	17.6,	11.2,	14.2,	14.6,	15.2,	13.2,	14.8,	13.0,	13.2,
16.0,	13.4,	16.8,	17.2,	14.6,	13.8,	13.0,	11.2,	15.2,	15.4,	15.0		

第1章　データの整理

解 度数分布表のつくり方

手順1 データの中の最大値と最小値を求める．
　　　　最大値＝17.6,　　最小値＝10.8

手順2 階級の数 k を求める．

　度数分布表をつくるとき，まず階級の数をいくつに定めるかが問題になる．
　階級の数はあまり多すぎても，また少なすぎても全体の姿がつかみにくくなる．ここで階級の数を定めるときの1つの目安となるおおよその数を示しておこう．

表1.2

データの数 N	50 未満	50～100	100～250	250 以上
階級の数　k	5～7	6～10	7～12	10～20

　この例1では $N=50$ なので仮に $k=7$ とする．

手順3 階級の幅 h を求める．
$$h=(最大値-最小値)/階級の数\ k$$
$$=(17.6-10.8)/7=6.8/7=0.97\fallingdotseq 1.0$$

（注） h の値は，測定単位の整数倍になるように丸めるようにする．測定単位とは，データを取るときの最小のきざみのことである．
　ここでは測定単位は 0.1 なので，0.97 を 1.0 に丸める．

手順4 階級の境界値 c を求める．
　最小値を含む最初の階級の下側の境界値を c_0 とすると
$$c_0=最小値-測定単位/2$$
$$=10.8-0.1/2=10.75$$

したがって，この階級の上側の境界値 c_1 は，区間の幅 h を加えて
$$c_1=c_0+h$$
$$=10.75+1.0=11.75$$

以下，同様にして
$$c_2=c_1+h=11.75+1.0=12.75$$
$$c_3=c_2+h=12.75+1.0=13.75$$
$$……$$

手順5 階級値 x_i を求める．
$$x_1=(c_0+c_1)/2=(10.75+11.75)/2=11.25$$
$$x_2=(c_1+c_2)/2=(11.75+12.75)/2=12.25$$
$$……$$

手順6 各階級に入るデータの度数を数え，表1.3 をつくる．

手順7 ヒストグラムを作成する．

1.1 度数分布

度数分布表に整理されたデータを直感的にわかりやすく表現する方法として図 1.1 に示すようなヒストグラム（または柱状図）が用いられる．

表 1.3

階　級 c	階級値 x	度数 f
$10.75 \sim 11.75$	11.25	5
$11.75 \sim 12.75$	12.25	8
$12.75 \sim 13.75$	13.25	12
$13.75 \sim 14.75$	14.25	10
$14.75 \sim 15.75$	15.25	9
$15.75 \sim 16.75$	16.25	3
$16.75 \sim 17.75$	17.25	3
計	—	50

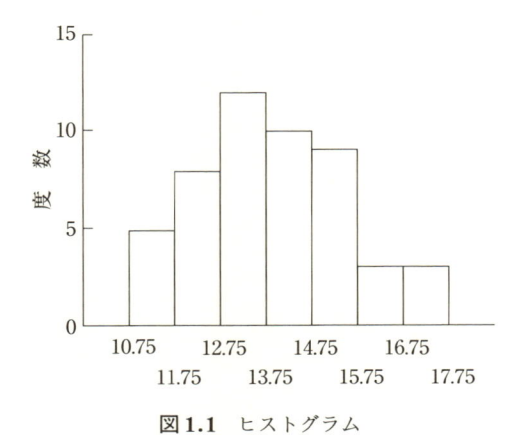

図 1.1　ヒストグラム

1.1.2　相対度数分布と累積度数分布

度数分布表の各階級の度数の代わりに，各階級の度数の全度数 N に対する割合で表した**相対度数分布（表）**を用いることもある．この相対度数の総和は 1 になる（図 1.2）．

また，度数分布表の階級の度数を変量の小さいものから順次加えていくと**累積度数分布（表）**が得られる（図 1.3）．各階級の累積度数を全度数 N に対する割合で表したものを**累積相対度数分布（表）**という．

表 1.4　相対度数と累積相対度数

階　級 (以上 ～ 未満)	階級値 x	度数 f	相対度数 f/N	累積度数 Σf	累積相対度数 $\Sigma f/N$
10.75 ～ 11.75	11.25	5	0.10	5	0.10
11.75 ～ 12.75	12.25	8	0.16	13	0.26
12.75 ～ 13.75	13.25	12	0.24	25	0.50
13.75 ～ 14.75	14.25	10	0.20	35	0.70
14.75 ～ 15.75	15.25	9	0.18	44	0.88
15.75 ～ 16.75	16.25	3	0.06	47	0.94
16.75 ～ 17.75	17.25	3	0.06	50	1.00
計	―	50	1.00	―	―

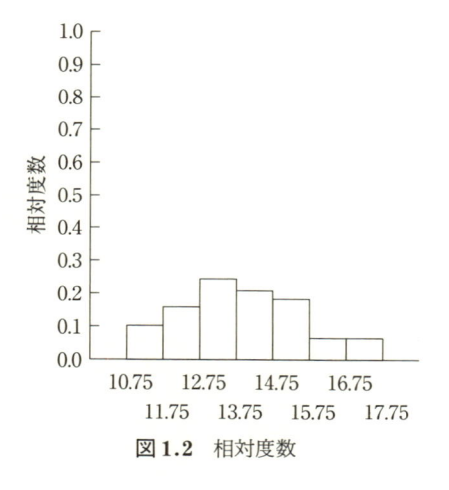

図 1.2　相対度数

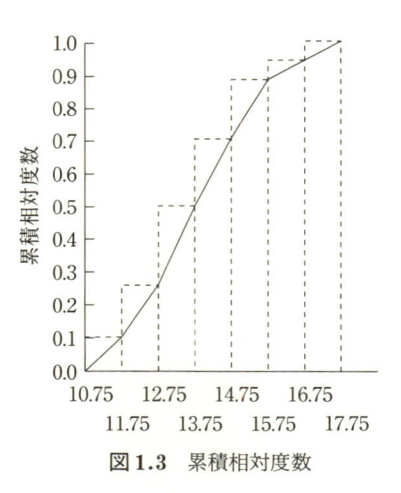

図 1.3　累積相対度数

1.2　代表値と散布度

　度数分布表やヒストグラムをつくることによって全体の分布状態を知ることはできるが，さらに，分布の特性を適当な 1 つの値として示すことによって全体の様子がわかると便利である．この分布の概観的な特性を示す値として代表値と散布度がある．**代表値**は，分布の中心的な位置を示す値で，これには平均値，中央値（メジアン），最頻値（モード）などがある．また，**散布度**は，分布の代表値の周りにおけるばらつきの度合いを示す値で，これには分散，標準偏差，範囲などがある．

1.2.1 代表値
（1） 平均値

平均値は，代表値の中で最も重要なもので，普通 $\bar{x}$ で表す．
n 個のデータ x_1, x_2, …, x_n が与えられたとき，

$$\text{平均値} \quad \bar{x} = \frac{x_1 + x_2 + \cdots + x_n}{n} = \frac{1}{n}\sum_{i=1}^{n} x_i \tag{1.1}$$

で求められる．

◆例 1.2　5 個のデータ
$$22.3, \quad 19.2, \quad 18.8, \quad 21.6, \quad 20.3$$
の平均値 $\bar{x}$ は
$$\bar{x} = \frac{22.3 + 19.2 + 18.8 + 21.6 + 20.3}{5} = 20.44$$

データが度数分布表に整理されている場合には，ある階級に属する度数 f_i がすべてその階級値 x_i に等しいとみなして

$$\text{平均値} \quad \bar{x} = \frac{x_1 f_1 + x_2 f_2 + \cdots + x_n f_n}{N} = \frac{1}{N}\sum_{i=1}^{n} x_i f_i \tag{1.2}$$

で求められる．ここで，$N = f_1 + f_2 + \cdots + f_n$ である．

◆例 1.3　表 1.3 の度数分布表から平均値を求めよ．

解　表 1.3 の度数分布表に $\sum x_i f_i$ を計算する欄を設け，表 1.5 をつくる．
この表から平均値 $\bar{x}$ は
$$\bar{x} = \frac{1}{50} \times 693.50 = 13.87$$

表 1.5

階　　級	階級値 x	度数 f	$x_i f_i$
10.75 〜 11.75	11.25	5	56.25
11.75 〜 12.75	12.25	8	98.00
12.75 〜 13.75	13.25	12	159.00
13.75 〜 14.75	14.25	10	142.50
14.75 〜 15.75	15.25	9	137.25
15.75 〜 16.75	16.25	3	48.75
16.75 〜 17.75	17.25	3	51.75
計	－	50	693.50

（2） 中央値（メジアン）

中央値は，n 個のデータを大きさの順に並べたとき，そのちょうど中央に位置する値をいい，Me で表す．

いま，$x_1 \leqq x_2 \leqq \cdots \leqq x_n$ とすると

n が奇数のとき　　$\text{Me} = x_{(n+1)/2}$ 　　　　　　　　　　　　　　(1.3)

n が偶数のとき　　$\text{Me} = \dfrac{1}{2}(x_{n/2} + x_{n/2+1})$ 　　　　　　　　　(1.4)

である．

◆例 1.4　データが 5，7，3，8，4，5，6 のときの中央値を求めよ．

解　データの個数が奇数で，これを大きさの順に並べると
　　$3 < 4 < 5 = 5 < 6 < 7 < 8$
これより，Me = 5 である．

◆例 1.5　データが 8，2，6，7，5，4，7，9 のときの中央値を求めよ．

解　データの個数が偶数で，これを大きさの順に並べると
　　$2 < 4 < 5 < 6 < 7 = 7 < 8 < 9$
これより，Me = (6+7)/2 = 6.5

（3） 最頻値（モード）

最頻値とは，データを度数分布表に整理したとき，その中で最も度数の大きい階級値の値をいい，一般に Mo で表す．たとえば，スーパーである商品について金額別に分類したとき最も売れ行きの高い商品の金額が最頻値 Mo である．

表 1.5 について平均値，中央値および最頻値の関係を図 1.4 に示す．

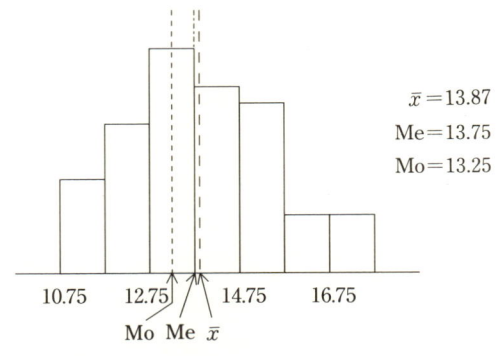

$\bar{x} = 13.87$
Me $= 13.75$
Mo $= 13.25$

図 1.4　$\bar{x}$，Me および Mo の関係

1.2.2　散　布　度

測定して得られたデータにはつねにばらつきがある．代表値は，そのデータの分布の中心の位置がどこにあるかを示す値であるが，これだけでは分布の特徴を明確に表現することはできない．

たとえば，図 1.5 に示す 2 つの集団 A，B はともに平均値が同じであるが，その分布のばらつき方が異なっている．すなわち，2 つの集団の内部の構造が異なっており，これをより明確に表現するためには平均値のみでなく，ばらつきを測る必要がある．

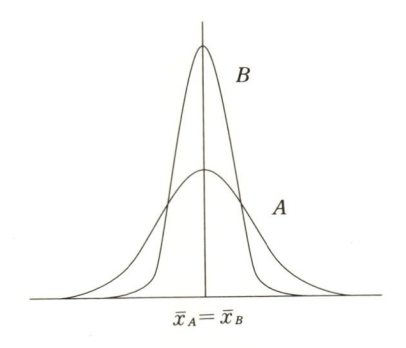

図 1.5　分布の特性

（1）　範　囲

ばらつきの大小を測る方法として最も簡単なものは，1 つの集団の中の最大値 x_L から最小値 x_S を引いたその差をもって示す範囲がある．これを R で表

すと

$$R = x_L - x_S \tag{1.5}$$

となる．この方法は品質管理などでたいへん有効に用いられているが，一般の統計にはあまり用いられない．

（2） 平方和

いま，1つの集団の全単位 x_i について平均値 $\bar{x}$ との差 $x_i - \bar{x}$（これを偏差という）を計算し，その合計を単位の総数で割れば，1単位が平均どれだけ中心値から離れているかがわかる．これが大きければ中心からみて大きくばらついていることになる．ところがこの偏差の総和は 0 になるので，この偏差を 2 乗しその総和を求める．これを平方和といい，S で表す．

$$S = \sum_{i=1}^{n}(x_i - \bar{x})^2 \tag{1.6}$$

度数分布表の場合は次のようになる．

$$S = \sum_{i=1}^{n}(x_i - \bar{x})^2 f_i \tag{1.7}$$

（3） 分散と標準偏差

この平方和 S を単位の総数で割れば，1単位あたりどれだけ平均値から離れているかの 2 乗の平均になる．これを分散といい，s^2 で表す．

$$s^2 = \frac{S}{n} = \frac{1}{n}\sum_{i=1}^{n}(x_i - \bar{x})^2 \tag{1.8}$$

この分散 s^2 は単位も 2 乗されているので平方根をとってもとの単位に戻す．これを標準偏差といい，s で表す．

$$s = \sqrt{\frac{S}{n}} = \sqrt{\frac{1}{n}\sum_{i=1}^{n}(x_i - \bar{x})^2} \tag{1.9}$$

度数分布からの分散および標準偏差は，それぞれ次のようになる．

$$s^2 = \frac{1}{N}\sum_{i=1}^{n}(x_i - \bar{x})^2 f_i \quad \left(N = \sum_{i=1}^{n} f_i\right) \tag{1.10}$$

$$s = \sqrt{\frac{1}{N}\sum_{i=1}^{n}(x_i - \bar{x})^2 f_i} \tag{1.11}$$

しかし，ここで導いた分散 s^2 は母分散 σ^2 の推定値として偏りがある（第 4 章で述べる）．そのため，n の代わりに $n-1$ で割った不偏分散 u^2 を求め，その正の平方根を標準偏差 s として用いている．すなわち

$$u^2 = \frac{S}{n-1} = \frac{1}{n-1}\sum_{i=1}^{n}(x_i - \bar{x})^2 \tag{1.12}$$

$$s=\sqrt{\frac{S}{n-1}}=\sqrt{\frac{1}{n-1}\sum_{i=1}^{n}(x_i-\bar{x})^2} \tag{1.13}$$

したがって，以後特に断らない限り分散および標準偏差は平方和 S を $n-1$ で割った不偏分散およびその正の平方根を用いる．

分散と標準偏差の計算

平方和 S は次のように変形できる．

$$S=\sum_{i=1}^{n}(x_i-\bar{x})^2=\sum_{i=1}^{n}x_i^2-\frac{\left(\sum_{i=1}^{n}x_i\right)^2}{n} \tag{1.14}$$

これより

$$s^2=\frac{S}{n-1}=\frac{1}{n-1}\sum_{i=1}^{n}(x_i-\bar{x})^2=\frac{1}{n-1}\left\{\sum_{i=1}^{n}x_i^2-\frac{\left(\sum_{i=1}^{n}x_i\right)^2}{n}\right\} \tag{1.15}$$

$$s=\sqrt{\frac{S}{n-1}}=\sqrt{\frac{1}{n-1}\sum_{i=1}^{n}(x_i-\bar{x})^2}=\sqrt{\frac{1}{n-1}\left\{\sum_{i=1}^{n}x_i^2-\frac{\left(\sum_{i=1}^{n}x_i\right)^2}{n}\right\}} \tag{1.16}$$

同様に度数分布表の場合にも平方和 S を求めて

$$S=\sum_{i=1}^{n}(x_i-\bar{x})^2 f_i=\sum_{i=1}^{n}x_i^2 f_i-\frac{\left(\sum_{i=1}^{n}x_i f_i\right)^2}{N} \tag{1.17}$$

したがって

$$s^2=\frac{S}{N-1}=\frac{1}{N-1}\sum_{i=1}^{n}(x_i-\bar{x})^2 f_i=\frac{1}{N-1}\left\{\sum_{i=1}^{n}x_i^2 f_i-\frac{\left(\sum_{i=1}^{n}x_i f_i\right)^2}{N}\right\} \tag{1.18}$$

$$s=\sqrt{\frac{S}{N-1}}=\sqrt{\frac{1}{N-1}\sum_{i=1}^{n}(x_i-\bar{x})^2 f_i}$$
$$=\sqrt{\frac{1}{N-1}\left\{\sum_{i=1}^{n}x_i^2 f_i-\frac{\left(\sum_{i=1}^{n}x_i f_i\right)^2}{N}\right\}} \tag{1.19}$$

◆例 1.6　ある中学校 3 年生男子生徒の中から無作為に 10 人を選び，体力診断テストで行った握力について調べたところ次の値であった．このデータの平均値と標準偏差を求めよ．

> 41.7, 40.8, 46.1, 39.3, 42.5, 41.9, 44.5, 38.7, 42.0, 45.2

解

平均値　$\bar{x} = \dfrac{1}{10}(41.7+40.8+46.1+39.3+42.5+41.9+44.5+38.7+42.0+45.2)$
$= 422.7/10 = 42.27$

平方和　$S = (41.7^2+40.8^2+46.1^2+39.3^2+42.5^2+41.9^2+44.5^2+38.7^2+42.0^2$
$+45.2^2) - 422.7^2/10$
$= 17920.07 - 17867.529 = 52.541$

分　散　$s^2 = \dfrac{1}{9} \times 52.541 = 5.8379$

∴　標準偏差　$s = \sqrt{5.8379} = 2.42$

◆例 1.7　表 1.3 の度数分布表より標準偏差を求めよ．

表 1.6

階　級	階級値 x	度数 f	$x_i f_i$	$x_i^2 f$
10.75 ～ 11.75	11.25	5	56.25	632.8125
11.75 ～ 12.75	12.25	8	98.00	1200.5000
12.75 ～ 13.75	13.25	12	159.00	2106.7500
13.75 ～ 14.75	14.25	10	142.50	2030.6250
14.75 ～ 15.75	15.25	9	137.25	2093.0625
15.75 ～ 16.75	16.25	3	48.75	792.1875
16.75 ～ 17.75	17.25	3	51.75	892.6875
計	—	50	693.50	9748.6250

解　表より

平均値　$\bar{x} = \dfrac{693.50}{50} = 13.87$

平方和　$S = 9748.6250 - (693.50)^2/50 = 129.78$

分　散　$s^2 = \dfrac{1}{49} \times 129.78 = 2.6486$

∴　標準偏差　$s = \sqrt{2.6486} = 1.63$

上の例 1.7 のように，階級値の桁数が大きくなるとその計算も面倒になるので，x_i の仮平均 x_0 を用いてデータ x_i の値を u_i の値に変数変換してから求めると簡単になる．

いま，仮平均を x_0，階級の幅を c とし，

$$u_i = \frac{x_i - x_0}{c} \tag{1.20}$$

とおくと，

$$x_i = x_0 + cu_i$$
$$\therefore \quad \bar{x} = x_0 + c\bar{u} \tag{1.21}$$

これより，$x_i - \bar{x} = c(u_i - \bar{u})$ であるから x_i の平方和 Sx は

$$Sx = \sum_{i=1}^{n}(x_i - \bar{x})^2 f_i = c^2 \sum_{i=1}^{n}(u_i - \bar{u})^2 f_i = c^2 Su$$

したがって，x_i の分散 $s_x{}^2$ は

$$s_x{}^2 = \frac{Sx}{n-1} = c^2 \frac{Su}{n-1} = c^2 s_u{}^2$$

$$\therefore \quad s_x = c s_u \tag{1.22}$$

となる．なお u_i の平方和 Su は

$$Su = \sum_{i=1}^{n}(u_i - \bar{u})^2 f_i = \sum_{i=1}^{n} u_i{}^2 f_i - \frac{\left(\sum_{i=1}^{n} u_i f_i\right)^2}{N} \tag{1.23}$$

であるから，$\sum u_i f_i$，$\sum u_i{}^2 f_i$ が計算できるような度数分布表を作成する．

表 1.7

階級値 x_i	度数 f_i	u_i	$u_i f_i$	$u_i{}^2 f_i$
x_1	f_1	u_1	$u_1 f_1$	$u_1{}^2 f_1$
x_2	f_2	u_2	$u_2 f_2$	$u_2{}^2 f_2$
$\vdots$	$\vdots$	$\vdots$	$\vdots$	$\vdots$
x_n	f_n	u_n	$u_n f_n$	$u_n{}^2 f_n$
計	N		$\sum u_i f_i$	$\sum u_i{}^2 f_i$

◆例 1.8 例 1.7 を上の方法で計算せよ．

解 仮平均 $x_0 = 14.25$，階級の幅 $c = 1.0$ とし

$$u_i = \frac{x_i - 14.25}{1.0}$$

とおき，表 1.8 を作成する．このとき

$$\bar{u} = \frac{-19}{50} = -0.38$$

∴ 平均値　$\bar{x} = 14.25 + 1.0 \times (-0.38) = 13.87$

また，u の平方和 Su は

$$Su = 137 - \frac{(-19)^2}{50} = 129.78$$

より分散および標準偏差は

$$s_u^2 = \frac{129.78}{49} = 2.6486$$

∴　$s_x^2 = 1.0^2 \times 2.6486 = 2.6486$

∴　$s_x = \sqrt{2.6486} = 1.63$

表 1.8

階　級	階級値 x_i	度数 f_i	u_i	$u_i f_i$	$u_i^2 f_i$
10.75 〜 11.75	11.25	5	−3	−15	45
11.75 〜 12.75	12.25	8	−2	−16	32
12.75 〜 13.75	13.25	12	−1	−12	12
13.75 〜 14.75	14.25	10	0	0	0
14.75 〜 15.75	15.25	9	1	9	9
15.75 〜 16.75	16.25	3	2	6	12
16.75 〜 17.75	17.25	3	3	9	27
計	—	50		−19	137

（注）　平均値と標準偏差の桁数は，平均値では測定値より 1〜2 桁多く求め，標準偏差では有効数字を最大 3 桁まで出せばよい．

1.3　相 関 と 回 帰

　これまでは，測定値が生徒の身長とか，数学の点数というようなただ 1 つの変量を取り扱ってきたが，ここでは 1 人の生徒の身長と体重との関係とか，数学と英語との成績の関係といった 2 つの変量の間の関係の整理について述べることにする．

1.3.1　散　布　図

　表 1.9 にあげたデータは S 市のある病院で生まれた男子の新生児 30 人について出生時の身長 x (cm) と胸囲 y (cm) を測定した結果である．この身長と胸囲との関係をグラフにプロットすると図 1.6(a) が得られる．この図を**散布**

図（または**相関図**）という．散布図からは2つの変量 x と y の間のおおよその関係を知ることができる．たとえば，図1.6(a)からは身長の高い新生児は胸囲も大きいという傾向があることがわかる．このように，2つの変量 x, y に

表1.9

No.	x	y	No.	x	y	No.	x	y
1	50.5	33.6	11	49.5	35.4	21	53.0	37.8
2	45.0	25.4	12	52.0	38.0	22	53.0	40.2
3	52.5	36.5	13	53.0	37.2	23	53.0	39.6
4	50.0	29.0	14	47.5	26.7	24	50.0	33.6
5	53.0	37.2	15	51.5	37.0	25	48.5	28.4
6	50.0	33.6	16	51.5	32.0	26	50.0	33.0
7	52.0	35.8	17	51.0	37.6	27	51.0	38.2
8	44.5	24.7	18	48.0	26.3	28	50.5	34.4
9	49.5	28.6	19	49.5	33.0	29	51.0	38.8
10	51.0	36.0	20	50.0	33.8	30	52.5	35.4

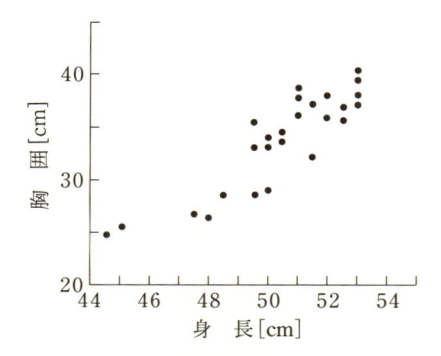

図1.6(a) 散布図

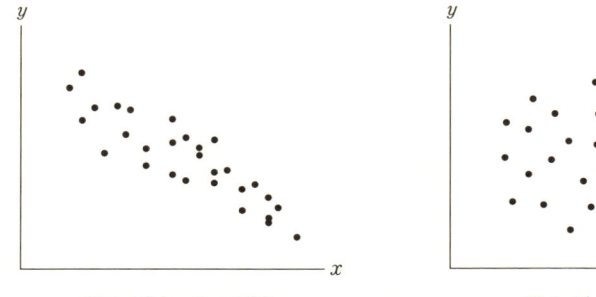

図1.6(b) 負の相関

図1.6(c) 無相関

おいて，x の値の変化が y の値の変化にある傾向を伴うとき，x と y との間に相関関係があるという．

図 1.6(a) では，x の値が増加するとだいたい y の値も増加する傾向にある．このようなとき，x と y との間には**正の相関**があるという．これに対して，図 1.6(b) のような場合は，x と y との間には**負の相関**があるという．また図 1.6(c) のような場合には，x と y との間には**相関がない**(**無相関**)という．

1.3.2 相 関 係 数

このような 2 つの変量 x と y との間の関係の強弱の度合いを数値で表そうとするものが相関係数である．すなわち，n 個の単位について 2 つの変量 x, y を測定して得られたデータの組を

$$(x_1,\ y_1),\ (x_2,\ y_2),\ \cdots,\ (x_n,\ y_n)$$

とするとき，(標本) 相関係数 r は次の式で求められる．

$$r = \frac{\frac{1}{n}\sum_{i=1}^{n}(x_i-\bar{x})(y_i-\bar{y})}{\sqrt{\frac{1}{n}\sum_{i=1}^{n}(x_i-\bar{x})^2}\sqrt{\frac{1}{n}\sum_{i=1}^{n}(y_i-\bar{y})^2}} \tag{1.24}$$

上式の分子，分母に n を掛けて次のように変形する．

$$r = \frac{\sum_{i=1}^{n}(x_i-\bar{x})(y_i-\bar{y})}{\sqrt{\sum_{i=1}^{n}(x_i-\bar{x})^2}\sqrt{\sum_{i=1}^{n}(y_i-\bar{y})^2}}$$

$$= \frac{Sxy}{\sqrt{Sx}\cdot\sqrt{Sy}} \tag{1.25}$$

ただし，Sx, Sy および Sxy はそれぞれ x, y および xy の平方和で，次のようにして求める．

$$Sx = \sum_{i=1}^{n}x_i^2 - \frac{\left(\sum_{i=1}^{n}x_i\right)^2}{n} \tag{1.26}$$

$$Sy = \sum_{i=1}^{n}y_i^2 - \frac{\left(\sum_{i=1}^{n}y_i\right)^2}{n} \tag{1.27}$$

$$Sxy = \sum_{i=1}^{n}x_iy_i - \frac{\left(\sum_{i=1}^{n}x_i\right)\left(\sum_{i=1}^{n}y_i\right)}{n} \tag{1.28}$$

この相関係数 r の値はつねに $-1 \leqq r \leqq 1$ である．$r>0$ のときは正の相関

を，$r<0$ のときは負の相関を，$r=0$ のときは無相関を表す．また，$r=\pm 1$ のときは完全相関といい，(x_i, y_i) がそれぞれ傾きが正または負の直線上の点だけとなる．

相関係数の計算

式 (1.25) を用いて直接測定値から相関係数 r を求める．

まず，式 (1.25) において平方和 Sx，Sy および Sxy を計算するために，表 1.10 に示すように

$$\sum x_i, \ \sum y_i, \ \sum x_i^2, \ \sum y_i^2 \ \text{および} \ \sum x_i y_i$$

を求める欄を表の中につくる．

表 1.10

No.	x_i	y_i	x_i^2	y_i^2	$x_i y_i$
1	x_1	y_1	x_1^2	y_1^2	$x_1 y_1$
2	x_2	y_2	x_2^2	y_2^2	$x_2 y_2$
3	x_3	y_3	x_3^2	y_3^2	$x_3 y_3$
⋮	⋮	⋮	⋮	⋮	⋮
n	x_n	y_n	x_n^2	y_n^2	$x_n y_n$
計	$\sum x_i$	$\sum y_i$	$\sum x_i^2$	$\sum y_i^2$	$\sum x_i y_i$

◆例 1.9　表 1.9 のデータについて相関係数を求めよ．

解　表 1.11 を作成する．これより

$Sx = 76543.00 - (1514.00)^2/30 = 136.467$

$Sy = 35028.40 - (1016.80)^2/30 = 565.660$

$Sxy = 51558.15 - (1514.00 \times 1016.80)/30 = 243.644$

表 1.11

No.	x	y	x^2	y^2	xy
1	50.5	33.6	2550.25	1128.96	1696.80
2	45.0	25.4	2025.00	654.16	1143.00
3	52.5	36.5	2756.25	1332.25	1916.25
4	50.0	29.0	2500.00	841.00	1450.00
5	53.0	37.2	2809.00	1383.84	1971.60
6	50.0	33.6	2500.00	1128.96	1680.00
7	52.0	35.8	2704.00	1281.64	1861.60

表 1.11 (つづき)

No.	x	y	x^2	y^2	xy
8	44.5	24.7	1980.25	610.09	1099.15
9	49.5	28.6	2450.25	817.96	1415.70
10	51.0	36.0	2601.00	1296.00	1836.00
11	49.5	35.4	2450.25	1253.16	1752.30
12	52.0	38.0	2704.00	1444.00	1976.00
13	53.0	37.2	2809.00	1383.84	1971.60
14	47.5	26.7	2256.25	712.89	1268.25
15	51.5	37.0	2652.25	1369.00	1905.50
16	51.5	32.0	2652.25	1024.00	1648.00
17	51.0	37.6	2601.00	1413.76	1917.60
18	48.0	26.3	2304.00	691.69	1262.40
19	49.5	33.0	2450.25	1089.00	1633.50
20	50.0	33.8	2500.00	1142.44	1690.00
21	53.0	37.8	2809.00	1428.84	2003.40
22	53.0	40.2	2809.00	1616.04	2130.60
23	53.0	39.6	2809.00	1568.16	2098.80
24	50.0	33.6	2500.00	1128.96	1680.00
25	48.5	28.4	2352.25	806.56	1377.40
26	50.0	33.0	2500.00	1089.00	1650.00
27	51.0	38.2	2601.00	1459.24	1948.20
28	50.5	34.4	2550.25	1183.36	1737.20
29	51.0	38.8	2601.00	1505.44	1978.80
30	52.5	35.4	2756.25	1253.16	1858.50
計	1514.00	1016.80	76543.00	35028.40	51558.15

したがって，相関係数 r は

$$r = \frac{Sxy}{\sqrt{Sx} \cdot \sqrt{Sy}} = \frac{243.644}{\sqrt{136.467}\sqrt{565.660}} = 0.877$$

1.3.3 回帰直線

ここでは，2つの変量 x, y の間に直線的な傾向が現れる場合について考えてみよう．表 1.12 はある高校1年生20人について数学の点数 (x) と知能指数 (y) の関係を示したものである．

また図 1.7 は表 1.12 のデータを散布図に表したものである．この図から点がだいたい1つの直線の周りに分布しており，x と y との間には直線的な関係があると考えられる．それで，これらの点に対してちょうどあてはまる直線の式を求めることにしよう．

1.3 相関と回帰

表 1.12

x	y	x	y
42	93	63	108
31	101	57	110
45	102	71	110
48	102	50	112
52	106	54	114
77	118	70	131
63	120	63	134
68	124	85	135
63	127	98	136
72	131	80	138

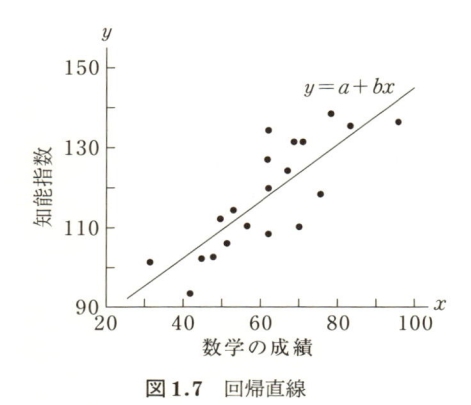

図 1.7 回帰直線

この直線の式を

$$y = a + bx \tag{1.29}$$

とし，定数 a および b の値を定める（b は直線の傾き，a は切片）．

この方法は，この直線と各点 (x_i, y_i) との y 軸方向に測った距離の 2 乗和を最小にするように直線の位置を決めるもので，**最小 2 乗法**とよばれている．ここでは計算を省略し，この方法で求められた結果のみを示すと次のようになる．

$$b = \frac{n\sum_{i=1}^{n} x_i y_i - \left(\sum_{i=1}^{n} x_i\right)\left(\sum_{i=1}^{n} y_i\right)}{n\sum_{i=1}^{n} x_i^2 - \left(\sum_{i=1}^{n} x_i\right)^2} \tag{1.30}$$

$$a = \bar{y} - b\bar{x} \tag{1.31}$$

したがって，求める直線の式は

$$y - \bar{y} = \frac{n\sum_{i=1}^{n} x_i y_i - \left(\sum_{i=1}^{n} x_i\right)\left(\sum_{i=1}^{n} y_i\right)}{n\sum_{i=1}^{n} x_i^2 - \left(\sum_{i=1}^{n} x_i\right)^2} (x - \bar{x}) \tag{1.32}$$

となる．この直線の式を **y の x への回帰直線**という．同様にして，直線への各点 (x_i, y_i) から x 軸方向への距離の 2 乗和を最小にするような直線の式は

$$x - \bar{x} = \frac{n\sum_{i=1}^{n} x_i y_i - \left(\sum_{i=1}^{n} x_i\right)\left(\sum_{i=1}^{n} y_i\right)}{n\sum_{i=1}^{n} y_i^2 - \left(\sum_{i=1}^{n} y_i\right)^2} (y - \bar{y}) \tag{1.33}$$

となる．この直線の式を，**x の y への回帰直線**という．

なお，式 (1.30) の直線の傾き b は分子，分母を n で割ると

$$b = \frac{\sum_{i=1}^{n} x_i y_i - \frac{\left(\sum_{i=1}^{n} x_i\right)\left(\sum_{i=1}^{n} y_i\right)}{n}}{\sum_{i=1}^{n} x_i^2 - \frac{\left(\sum_{i=1}^{n} x_i\right)^2}{n}} = \frac{Sxy}{Sx}$$

$$= \frac{Sxy}{\sqrt{Sx}\sqrt{Sy}} \cdot \frac{\sqrt{Sy}}{\sqrt{Sx}} = r \frac{\sqrt{Sy}}{\sqrt{Sx}}$$

$$= r \frac{s_y}{s_x} \tag{1.34}$$

ここで，s_x，s_y はそれぞれ x，y の標準偏差で

$$s_x = \sqrt{\frac{Sx}{n}}, \quad s_y = \sqrt{\frac{Sy}{n}}$$

したがって，式 (1.32) は

$$y - \bar{y} = r \frac{s_y}{s_x} (x - \bar{x}) \tag{1.35}$$

で表される．このとき $r \frac{s_y}{s_x}$ を **y の x への回帰係数**という．

同様にして，式 (1.33) は

$$x - \bar{x} = r \frac{s_x}{s_y} (y - \bar{y}) \tag{1.36}$$

となり，$r \frac{s_x}{s_y}$ を **x の y への回帰係数**という．

◆**例 1.10** 表 1.13 より y の x への回帰直線の方程式を求めよ．

表 1.13

x	y	x^2	xy	x	y	x^2	xy
42	93	1764	3906	77	118	5929	9086
31	101	961	3131	63	120	3969	7560
45	102	2025	4590	68	124	4624	8432
48	102	2304	4896	63	127	3969	8001
52	106	2704	5512	72	131	5184	9432
63	108	3969	6804	70	131	4900	9170
57	110	3249	6270	63	134	3969	8442
71	110	5041	7810	85	135	7225	11475
50	112	2500	5600	98	136	9604	13328
54	114	2916	6156	80	138	6400	11040
計				1252	2352	83206	150641

解 平均値 $\bar{x}$, $\bar{y}$ を求める.
$$\bar{x} = 1252/20 = 62.6$$
$$\bar{y} = 2352/20 = 117.6$$
直線の傾き b を求める.
$$b = \frac{20 \times 150641 - 1252 \times 2352}{20 \times 83206 - 1252^2} = \frac{68116}{96616} = 0.705$$
これより y の x への回帰直線の式は
$$y - 117.6 = 0.705(x - 62.6)$$
$$\therefore \quad y = 73.5 + 0.705x$$

◆**例 1.11** 表 1.11 について,回帰直線の方程式を求めよ.

解 平均値　$\bar{x} = 1514.00/30 = 50.467$
$\bar{y} = 1016.80/30 = 33.893$
標準偏差　$s_x = \sqrt{Sx/n} = \sqrt{136.467/30} = 2.13$
$s_y = \sqrt{Sy/n} = \sqrt{565.660/30} = 4.34$
ここで,相関係数 $r = 0.877$ であるから
y の x への回帰係数は　$rs_y/s_x = 0.877 \times 4.34/2.13 = 1.787$
$\therefore \quad y - 33.893 = 1.787(x - 50.467)$
$y = -56.292 + 1.787x$
また,x の y への回帰係数は　$rs_x/s_y = 0.877 \times 2.13/4.34 = 0.430$
$\therefore \quad x - 50.467 = 0.430(y - 33.893)$
$x = 35.893 + 0.430y$ (または　$y = -83.472 + 2.326x$)
この回帰直線を図 1.8 に示す.

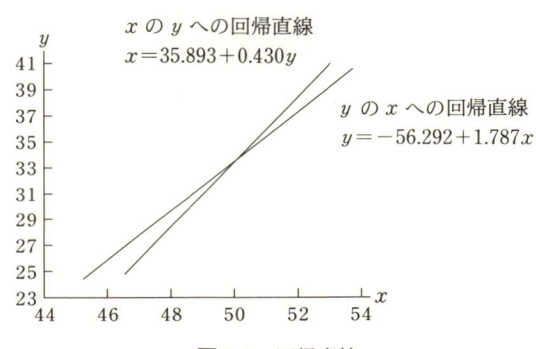

図 1.8 回帰直線

1章・演習問題

1.1 新入生 12 人の女子学生について，最近 1 か月の間に使用した携帯電話の使用料金を調べたところ，次の結果を得た．(単位：千円)
これから平均値，中央値，分散，標準偏差および範囲を求めよ．
9.8, 12.8, 3.8, 10.2, 5.4, 14.0, 8.2, 12.0, 11.1, 6.6, 10.4, 5.6

1.2 表 1.14 のデータは，ある女子高校生 68 名について，ヘモグロビン値 (g/dl) を調べた結果である．これより度数分布表をつくれ．また，この度数分布表から平均値と標準偏差を求めよ．

表 1.14

11.5	14.7	15.2	13.7	16.2	16.8	13.1	13.5
10.8	13.0	16.9	11.5	14.2	14.2	15.1	14.2
18.3	14.7	13.2	13.9	12.3	13.8	9.5	14.7
12.9	12.4	12.4	14.1	13.4	12.8	12.5	12.6
13.2	16.4	14.0	13.7	13.2	14.9	10.0	13.9
12.8	15.3	12.4	12.6	11.4	12.2	13.0	16.0
15.7	18.3	13.2	12.3	17.2	16.4	11.5	16.4
10.1	12.7	13.6	15.8	17.4	12.3	14.5	14.2
16.5	16.1	15.8	15.4				

1.3 A クラスの生徒 42 人，B クラスの生徒 40 人の数学の成績の平均点と標準偏差はそれぞれ表 1.15 のようであった．

表 1.15

クラス	平均点 $\bar{x}$	標準偏差 s
A	$\bar{x}_A = 57.2$	$s_A = 14.5$
B	$\bar{x}_B = 53.6$	$s_B = 13.8$

両クラスを合わせた全体の平均値 $\bar{x}$ と標準偏差 s を求めよ．

1.4 40 人の学生の国語 (x) と英語 (y) の試験の成績が表 1.16 で与えられているとき，国語と英語の相関係数を求めよ．

表 1.16

x	y	x	y	x	y	x	y	x	y
60	82	64	62	35	31	76	88	45	43
46	25	66	40	60	42	80	50	86	44
66	22	58	65	53	73	47	38	51	50
40	58	50	75	41	25	62	49	41	63
64	79	77	53	61	59	36	30	53	59
67	73	52	84	40	42	26	30	73	60
63	77	71	70	75	90	63	80	71	72
39	35	45	47	72	89	76	66	72	77

1.5 表 1.17 のデータは，コンビニエンスストアで購入した同一種類の 10 個の幕の内弁当について，その熱量 y (kcal) と脂質 x (g) を測定し得られた結果である．y の x への回帰直線を求めよ．

表 1.17

弁当 No.	1	2	3	4	5	6	7	8	9	10
熱量 y	764	861	773	758	794	771	783	731	788	814
脂質 x	19.6	24.6	20.5	20.0	20.9	19.9	20.4	18.4	22.1	22.9

第2章 確率と確率分布

2.1 確率

2.1.1 試行と事象

　サイコロを投げてどの目が出るかを実験したり，選挙である候補者の得票率がどれぐらいあるかを観察したりするとき，その実験や観察の結果は偶然に支配され確実に予見することはできない．このように同じ条件のもとで繰り返し実験や観察などを行うことを一般に**試行**といい，この実験や観察の結果を**事象**という．事象を表すのに A, B, … などの文字を用いる．

　いま，ある試行を考えるとき，その測定される結果の集まりは1つの集合を形成する．たとえば，1個のサイコロを投げるという試行に対して，観測される結果が1の目が出る，2の目が出る，…，6の目が出るという6つの事象のどれかが起こる．この6つの事象のすべてを元（標本点）とする集合を Ω で表すと

$$\Omega = \{1,\ 2,\ 3,\ 4,\ 5,\ 6\}$$

を得る．このように，ある試行によって起こる可能性のある事象のすべての集合 Ω をその試行の**標本空間**とよぶ．標本空間の中のただ1つの元からなる集合の表す事象を**根元事象**という．これに対し，複数の元からなる部分集合の表す事象を**複合事象**という．

◆例 2.1　1個のサイコロを投げるという試行で，根元事象は
$$\{1\},\ \{2\},\ \{3\},\ \{4\},\ \{5\},\ \{6\}$$
の6つがある．

◆例 2.2　2 枚の硬貨を同時に投げるという試行の根元事象は，集合
$$\{(表,表)\},\ \{(表,裏)\},\ \{(裏,表)\},\ \{(裏,裏)\}$$
で表される．また，標本空間 Ω は
$$\Omega = \{(表,表),\ (表,裏),\ (裏,表),\ (裏,裏)\}$$
となる．

上の例にように 1 個のサイコロを投げるという試行に関する標本空間 $\Omega = \{1,2,3,4,5,6\}$ に対して，出た目の数が奇数であるという事象を A とすると，$A = \{1,3,5\}$ は Ω の部分集合である．

一般にこのような Ω の部分集合を**事象**とよび，Ω 自身で表される事象を**全事象**という．全事象は必ず起こる事象であるが，これに対して決して起こらない事象を考えて，これを**空事象**といい ϕ で表す．

また 2 つの事象 A，B を考えて，その事象間の関係を次のように表現する．

積事象　事象 A と事象 B が同時に起こるという事象を A と B の積事象といい，$A \cap B$ で表す．

排反事象　事象 A と事象 B が同時には決して起こらないとき，すなわち，$A \cap B = \phi$ のとき，事象 A と B は互いに排反である，または排反事象という．

和事象　事象 A と事象 B のいずれか一方が必ず起こるという事象を A と B の和事象といい，$A \cup B$ で表す．

余事象　事象 A に対して A が起こらないという事象を A の余事象といい，$\overline{A}$ で表す．

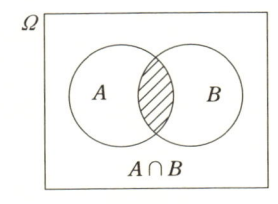

図 2.1　積事象 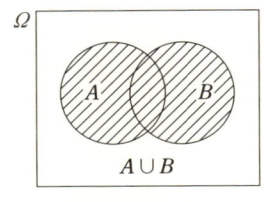　　　　図 2.2　和事象 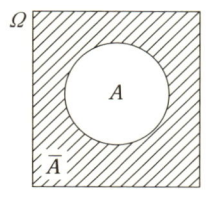　　　　図 2.3　余事象

これらの事象の演算に関して次の関係式が成り立つ．

1）全事象を Ω，空事象を ϕ とするとき

$$\Omega = \Omega \cup \phi, \quad \phi = \Omega \cap \phi \quad (\overline{\Omega} = \phi, \quad \overline{\phi} = \Omega)$$

2) 任意の事象 A に対して
$$A \cap \overline{A} = \phi, \quad A \cup \overline{A} = \Omega$$

3) 任意の事象 A, B, C に対して
$$A \cap (B \cup C) = (A \cap B) \cup (A \cap C)$$
$$A \cup (B \cap C) = (A \cup B) \cap (A \cup C)$$

4) 任意の事象 A, B に対して（ド・モルガンの法則）
$$\overline{(A \cup B)} = \overline{A} \cap \overline{B}, \quad \overline{(A \cap B)} = \overline{A} \cup \overline{B}$$

5) 任意の事象 A, B, C に対して
$$(A \cap B) \cap (A \cap \overline{B}) = \phi, \quad A = (A \cap B) \cup (A \cap \overline{B})$$

2.1.2 確率の考え方

1つのサイコロを無作為に投げるとき，正確につくられたものであればその結果として1，2，3，4，5，6の6個の数の中のどの目が出ることも同程度に確からしいと期待できる．したがって，それぞれの目の出る確からしさはすべて1/6と考えるのが自然であろう．また，偶数の目の出るという事象を A とすると A は2，4，6の3個の数があり，それぞれの目の出る確からしさが1/6であるから事象 A の起こる確率は1/6＋1/6＋1/6＝3/6＝1/2と考えられる．

このようなある事象の起こる確からしさを何らかの形で数量的に定める値をその事象の起こる確率とよぶ．

以上のような考え方から次のような定義が得られる．

定義（数学的確率） ある試行において起こりうる標本空間 Ω の根元事象が全部で n 個あり，それらのどれが起こることも同様に確からしいとする．このとき，ある事象 A の起こる根元事象が r 個であるとき，事象 A の起こる確率は $P(A) = r/n$ と定義する．これを**数学的確率**という．

この考え方は標本空間の根元事象の個数が有限個であり，またそれらの起こり方が同様に確からしいというような概念をもとにして導かれた結果であって，正しくないサイコロの場合には適用することができない．そのため次のような確率の定義が考えられた．

定義（統計的確率） ある試行を繰り返し n 回行ったとき，事象 A が r 回起こったとする．いま試行 n を限りなく大きくとったとき，その相対度数 r/n が一定の値 p に限りなく近づくならば，事象 A の起こる確率を p と定義す

る．これを**統計的確率**という．

たとえば，正しく作られていないサイコロでも非常に多くの回数投げたとき，1の目の出る相対度数が一定の値 1/6 に限りなく近いならば，このサイコロの1の目の出る確率は 1/6 であると考える．

2.1.3 確率の基本的な性質

確率の定義から次の確率の基本的な性質が導かれる．

Ω を標本空間とし，A をそれに属する任意の事象とするとき，

（1） すべての A に対して $P(A) \geqq 0$

（2） $P(\Omega) = 1$

（3） 事象 A_1, A_2, … が排反事象であれば，
$$P(A_1 \cup A_2 \cup \cdots) = P(A_1) + P(A_2) \cdots$$
が成り立つ．

現代確率論の立場では，（1），（2），（3）は確率の公理として扱われる．これから導かれるいくつかの定理を以下に示す．

定理1 決して起こらない事象 ϕ の確率は 0 である．

定理2 任意の事象 A に対して $P(A) = 1 - P(\overline{A})$

定理3 A がどんな事象でも $0 \leqq P(A) \leqq 1$

定理4 事象 A が事象 B に含まれる（A が起これば必ず B が起こる．$A \subset B$）ときには，$P(A) \leqq P(B)$

定理5 （**確率の加法定理**） 任意の2つの事象 A, B に対して
$$P(A \cup B) = P(A) + P(B) - P(A \cap B)$$
が成り立つ．もし A と B が排反事象ならば
$$P(A \cup B) = P(A) + P(B)$$
となる．

◆**例 2.3** ある種の病気については，2つの病状 E_1, E_2 を示すものとされており，その確率は $P(E_1) = 0.32$, $P(E_2) = 0.26$ で，また $P(E_1 \cap E_2) = 0.17$ であるという．このとき病状 E_1, E_2 のいずれかを示す確率を求めよ．

解 $P(E_1 \cup E_2) = 0.32 + 0.26 - 0.17 = 0.41$

2.1.4 条件付き確率と事象の独立

ある病院の入院患者 n 人について，タバコを吸うか否かを男女別に調べ表 2.1 のような結果が得られたとしよう．

表 2.1

	男 A	女 $\overline{A}$	計
タバコ吸う B	a	b	$a+b$
吸わない $\overline{B}$	c	d	$c+d$
計	$a+c$	$b+d$	n

ここで男である事象を A，タバコを吸うという事象を B とする．いま，全くでたらめに 1 人を選んだとき，男である確率を $P(A)$，男であり，かつタバコを吸うという確率を $P(A \cap B)$ とすると

$$P(A) = \frac{a+c}{n}, \quad P(A \cap B) = \frac{a}{n}$$

となる．このとき，選び出された患者が男であったとして，その患者がタバコを吸うという確率を考えると，全男 $a+c$ 人中タバコを吸う人が a 人であるから，この確率は $a/(a+c)$ となる．これを A の起こることを条件として B の起こる**条件付き確率**といい，$P(B|A)$ で示すと，

$$P(B|A) = \frac{a}{a+c} = \frac{a}{n} \bigg/ \frac{a+c}{n} = \frac{P(A \cap B)}{P(A)}$$

となる．

定義（条件付き確率） ある事象 A があって $P(A) > 0$ とする．任意の事象 B に対して，A が起こるという条件のもとで B の起こる確率は

$$P(B|A) = \frac{P(A \cap B)}{P(A)} \tag{2.1}$$

で表される．

◆**例 2.4** 10 本のくじの中に 2 本の当たりくじが入っている．いま引いたくじをもとに戻さないで 1 本ずつ 2 回引くとする．1 回目に当たる事象を A，2 回目に当たる事象を B とするとき，1 回目にはずれ，2 回目に当たる確率を求めよ．

解 1 回目にはずれる事象を $\overline{A}$ とする．1 回目にはずれたとき，2 回目に当

たる条件付き確率は，残った9本のくじのうち，当たりくじが2本，はずれくじが7本であるから

$$\therefore \quad P(B|\overline{A}) = \frac{2}{9}$$

条件付き確率の定義から，次の乗法定理が導かれる．

定理（確率の乗法定理） 2つの事象 A，B に対して

$$P(A \cap B) = P(A)P(B|A) = P(B)P(A|B) \tag{2.2}$$

ここで $P(A|B) = P(A)$ が成り立つとき

$$P(A \cap B) = P(A)P(B) \tag{2.3}$$

このとき A は条件 B に対して独立であるという．

したがって，事象の独立は次のように定義される．

定義 事象 A，B に関して次のいずれかの関係が成り立つとき，これらの事象は互いに独立であるという．

（1） $P(A|B) = P(A)$

（2） $P(B|A) = P(B)$

（3） $P(A \cap B) = P(A)P(B)$

◆例2.5 一組52枚のトランプから1枚を抜いてダイヤの絵札が出る確率を求めよ．

解 抜いた札がダイヤである事象を D，絵札である事象を F とすると，$P(D) = 13/52$，$P(F) = 12/52$ で D と F とは独立であるから

$$P(D \cap F) = P(D)P(F) = \frac{13}{52} \times \frac{12}{52} = \frac{3}{52}$$

2.2 確率変数

2.2.1 確率変数とその分布

2個のサイコロを同時に投げて出た目の和を調べることにしよう．このときとりうる和の値は，2, 3, 4, …, 12 であり，この一連の値のそれぞれとる確率は表2.2のように求められる．

表 2.2

X の値 x	2	3	4	5	6	7	8	9	10	11	12	計
その確率 p	$\frac{1}{36}$	$\frac{2}{36}$	$\frac{3}{36}$	$\frac{4}{36}$	$\frac{5}{36}$	$\frac{6}{36}$	$\frac{5}{36}$	$\frac{4}{36}$	$\frac{3}{36}$	$\frac{2}{36}$	$\frac{1}{36}$	1

このような一連の値をある1つの変数 X で表すと，この X は普通の変数とは異なり，その変数のとりうるそれぞれの値 x とその x をとる確率 p とが同時に定められた変数となっている．このような変数 X を**確率変数**という．いま，確率変数 X が x という値をとる確率を $P(X=x)$ で表せば，この値は確率変数 X のとりうる個々の値に対する確率の分布状態，すなわち**確率分布**を定めることになる．

この確率変数 X の値がある値 x までとる確率を $F(x)$ で表し，確率変数 X の**分布関数**とよぶ．すなわち分布関数は $F(x)=P(X \leqq x)$ なる関係で定められる．

上の例では，確率変数 X は2個のサイコロを同時に投げて出た目の和を表し，その分布関数は表2.3のようになる．

表 2.3

X の値 x	2	3	4	5	6	7	8	9	10	11	12
確率分布 $F(x)$	$\frac{1}{36}$	$\frac{3}{36}$	$\frac{6}{36}$	$\frac{10}{36}$	$\frac{15}{36}$	$\frac{21}{36}$	$\frac{26}{36}$	$\frac{30}{36}$	$\frac{33}{36}$	$\frac{35}{36}$	1

サイコロを投げたときの目の数とか硬貨を投げたときの表の出る回数のように，確率変数 X がある区間内のすべての値をとらずに，特定の飛び離れた値しかとりえないような場合，これを**離散的**であるという．また身長とか面積などを測定したときのように，X がある区間内のすべての実数をとりうる場合，これを**連続的**であるという．

離散的な場合の確率分布とその分布関数を表2.2および表2.3をもとに図示すると図2.4および図2.5のようになる．

図 2.4　　　　　　　　図 2.5

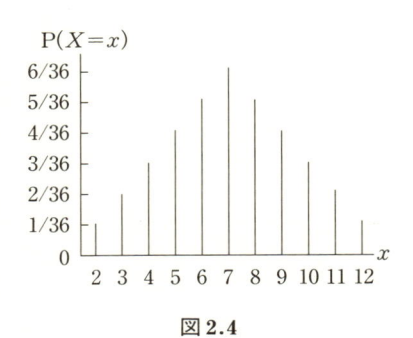

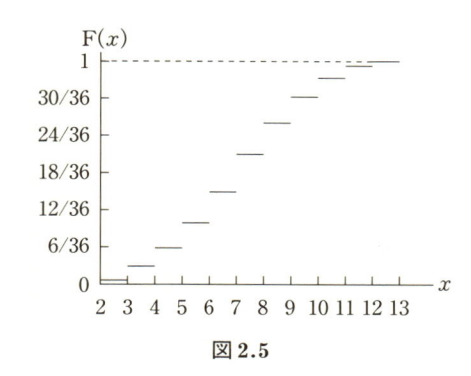

一般に，確率変数 X のとる値を $x_1, x_2, \cdots, x_n$ とし，各事象 $(X=x_i)$ の確率を $p_1, p_2, \cdots, p_n$ とするとき

$$P(X=x_i)=p_i \quad (i=1, 2, \cdots, n)$$
$$(p_i \geqq 0, \quad \sum p_i = 1)$$

で表される．X の分布は図 2.6 のようになる．

表 2.4

Xの値　x_i	x_1	x_2	$\cdots$	x_n
$P(X=x_i)=p_i$	p_1	p_2	$\cdots$	p_n

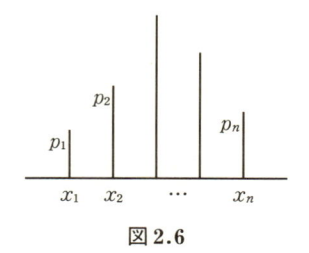

図 2.6

また確率変数 X のとる値を $x_1 < x_2 < \cdots < x_r < \cdots < x_n$ とするとき，その分布関数 $F(x_r)$ は次のように求められる．

$$F(x_r) = P(X \leqq x_r) = p_1 + p_2 + \cdots + p_r = \sum_{i=1}^{r} p_i$$

分布関数についての基本的な性質として

1) $F(-\infty)=0, \quad F(+\infty)=1$
2) 単調非減少関数である
3) 右連続である

がある．またさらに

$$P(x_i < X \leqq x_j) = P(X \leqq x_j) - P(X \leqq x_i) = F(x_j) - F(x_i)$$

なる関係があることがわかる．この式を用いれば，分布関数が与えられているとき，確率変数 X がある特定の区間の値をとる確率を求めることができる．

◆例 2.6　2個のサイコロを同時に投げて出た目の和が 4 より大きく 8 以下の値をとる確率を求めよ．

解　$P(4 < X \leq 8) = F(8) - F(4) = \dfrac{26}{36} - \dfrac{6}{36} = \dfrac{20}{36} = \dfrac{5}{9}$

◆例 2.7　確率変数 X の確率分布が
$$P(X=0)=0.453, \quad P(X=1)=0.383,$$
$$P(X=2)=0.129, \quad P(X=3)=0.035$$
で与えられたとき，
（1）　$P(1 < X \leq 3)$ の値
（2）　$P(X < 2)$ の値
（3）　分布関数 $F(x)$ の式とグラフ
を求めよ．

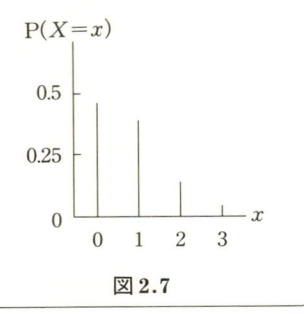

図 2.7

解　（1）　$P(1 < X \leq 3) = P(X=2) + P(X=3) = 0.164$
（2）　$P(X < 2) = P(X=0) + P(X=1) = 0.836$
（3）　分布関数 $F(x)$ は

$$F(x) = \begin{cases} 0 & (x < 0 \text{ のとき}) \\ 0.453 & (0 \leq x < 1 \text{ のとき}) \\ 0.836 & (1 \leq x < 2 \text{ のとき}) \\ 0.965 & (2 \leq x < 3 \text{ のとき}) \\ 1 & (x \geq 3 \text{ のとき}) \end{cases}$$

グラフは図 2.8 のようになる．

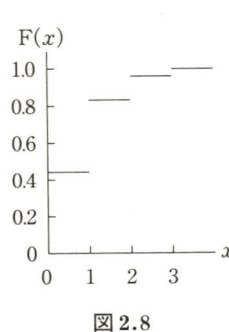

図 2.8

◆例 2.8　確率変数 X の分布関数 $F(x)$ が
$$F(x) = \begin{cases} 0 & (x < -1 \text{ のとき}) \\ 0.450 & (-1 \leq x < 0 \text{ のとき}) \\ 0.966 & (0 \leq x < 2 \text{ のとき}) \\ 1 & (x \geq 2 \text{ のとき}) \end{cases}$$

で与えられたとき，次の値を求めよ．
 （1） P($X=-1$)　（2） P($X=1$)　（3） P($2X-1>0$)

解　（1）　P($X=-1$)$=0.450$
　　　（2）　P($X=1$)$=0$
　　　（3）　P($2X-1>0$)$=$P($X>1/2$)$=0.034$

次に，**連続的な場合**の確率分布について考えてみよう．

いま，ある中学校の生徒を1人無作為に選んで身長を測定したとしよう．この測定値 X は連続的な確率変数として取り扱われる．たとえば，身長 X が 165 cm と 175 cm との間にあるという確率は

$$P(165 \leq X \leq 175) = \int_{165}^{175} f(x)dx$$

のようにして求められる．ここで $f(x)$ は学校全体の生徒の身長の測定値から導かれる連続的な確率分布で**確率密度関数**とよばれる．

一般に，確率変数 X が連続的な値をとるとき，任意の a, b ($a<b$) に対して X が a と b との間にある確率は，確率密度関数を $f(x)$ とすると

$$P(a \leq X \leq b) = \int_a^b f(x)dx \tag{2.4}$$

で与えられる．この確率密度関数 $f(x)$ は

$$\int_{-\infty}^{\infty} f(x)dx = 1, \quad f(x) \geq 0 \tag{2.5}$$

という性質がある．

連続的な場合の分布関数についても離散的な場合と同様に表される．すなわち

$$F(x) = P(X \leq x) = \int_{-\infty}^{x} f(x)dx \tag{2.6}$$

という関係が成り立ち，x が $F(x)$ の微分可能な点であれば

$$F'(x) = f(x) \tag{2.7}$$

が成り立つ．この $F(x)$ の基本的な性質についても離散的な場合と同様に

1）　$F(-\infty)=0$, 　$F(+\infty)=1$
2）　単調非減少関数である
3）　右連続である

が成り立つ．また

$$P(a < X \leq b) = F(b) - F(a) \tag{2.8}$$

なる関係がある．

◆例 2.9　確率変数 X の確率密度関数が
$$f(x) = 2x \quad (0 < x < 1 \text{ のとき})$$
であるとき，
（1）　$P(X < 1/2)$ の値
（2）　$P(1/4 < X < 1/2)$ の値
（3）　分布関数 $F(x)$ のグラフ
を求めよ．

解　（1）　$P(X < 1/2) = \int_0^{1/2} 2x\, dx = [x^2]_0^{1/2} = 1/4$

（2）　$P(1/4 < X < 1/2) = \int_{1/4}^{1/2} 2x\, dx = [x^2]_{1/4}^{1/2} = 1/4 - 1/16 = 3/16$

（3）　$F(x) = \begin{cases} 0 & (x < 0) \\ x^2 & (0 \leq x < 1) \\ 1 & (x \geq 1) \end{cases}$

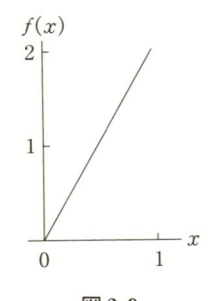

図 2.9 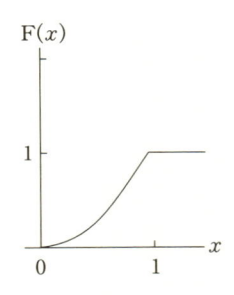　　　　　　図 2.10

◆例 2.10　確率変数 X の分布関数が
$$F(x) = \begin{cases} 0 & (x < 0) \\ 3x^2 - 2x^3 & (0 \leq x < 1) \\ 1 & (x \geq 1) \end{cases}$$
のとき，確率密度関数 $f(x)$ を求めよ．

解 $f(x) = \dfrac{dF(x)}{dx} = 6x(1-x) \quad (0 < x < 1)$

2.2.2 確率変数の平均値と分散

まず**離散的な場合**について述べよう．2個のサイコロを同時に投げて，その出た目の和の数だけ進むというゲームをすることにしよう．このとき1回の試行でどのくらい進むことができるか，その平均値を求めると表2.2から

$$2 \times \frac{1}{36} + 3 \times \frac{2}{36} + 4 \times \frac{3}{36} + 5 \times \frac{4}{36} + 6 \times \frac{5}{36} + 7 \times \frac{6}{36} + 8 \times \frac{5}{36} + 9 \times \frac{4}{36}$$
$$+ 10 \times \frac{3}{36} + 11 \times \frac{2}{36} + 12 \times \frac{1}{36} = 7$$

すなわち，1回当たりに平均7進めることができる．

一般に，確率変数 X が $x_1, x_2, \cdots, x_n$ の値をとり，それに対応する確率を $p_1, p_2, \cdots, p_n$ とするとき

$$x_1 \times p_1 + x_2 \times p_2 + \cdots + x_n \times p_n$$

を確率変数 X の**平均値**（または**期待値**）と定義し，これを $E(X)$ または μ で表す．

$$\mu = E(X) = x_1 \times p_1 + x_2 \times p_2 + \cdots + x_n \times p_n$$
$$= \sum_{i=1}^{n} x_i p_i = \sum_{i=1}^{n} x_i P(X = x_i) \tag{2.9}$$

またこの離散的な確率変数の分散は次のように定義される．

すなわち，確率変数 X に対してその平均値からの偏差の2乗の平均値を X の**分散**といい，$V(X)$ または σ^2 で表す．平均値 $E(X) = \mu$ とおくと

$$\sigma^2 = V(X) = E\{X - E(X)\}^2 = \sum_{i=1}^{n} (x_i - \mu)^2 p_i \tag{2.10}$$

これを計算するためには変形して

$$\sigma^2 = V(X) = E(X^2 - 2\mu X + \mu^2)$$
$$= E(X^2) - 2\mu E(X) + \mu^2$$
$$= E(X^2) - \mu^2$$

だから，$E(X^2) = \sum x_i^2 p_i$ とおくと

$$\therefore \quad = \sum_{i=1}^{n} x_i^2 p_i - \mu^2 \tag{2.11}$$

サイコロの例では

$$V(X) = 2^2 \times \left(\frac{1}{36}\right) + 3^2 \times \left(\frac{2}{36}\right) + \cdots + 12^2 \times \left(\frac{1}{36}\right) - 7^2 = \frac{35}{6}$$

◆例 2.11　袋の中に赤玉 3 個，白玉 9 個が入っている．この中から 4 個を同時に取り出すときの赤玉の個数を X とする．X の平均値と分散を求めよ．

解　赤玉が 3 個しか入っていないので，4 個を取り出すと赤玉の個数 X は 0, 1, 2, 3 の値をとり，その確率は表 2.5 のとおりである．

表 2.5

X	0	1	2	3
確率 p_i	$\frac{14}{55}$	$\frac{28}{55}$	$\frac{12}{55}$	$\frac{1}{55}$

ここで
$$p_i = \frac{{}_9C_{4-i} \cdot {}_3C_i}{{}_{12}C_4}$$

平均値　$E(X) = 0 \times \frac{14}{55} + 1 \times \frac{28}{55} + 2 \times \frac{12}{55} + 3 \times \frac{1}{55} = 1$

分　散　$V(X) = 0^2 \times \frac{14}{55} + 1^2 \times \frac{28}{55} + 2^2 \times \frac{12}{55} + 3^2 \times \frac{1}{55} - 1^2 = \frac{6}{11}$

次に**連続的な場合**について述べよう．

連続的な確率変数 X が (a, b) の区間で定義されているとし，その確率密度関数を $f(x)$ とする．このとき X の平均値 $E(X)$ および分散 $V(X)$ は次のように定義される．

平均値　$\mu = E(X) = \int_a^b x f(x) dx$ 　　　　　　　　　　　　(2.12)

分　散　$\sigma^2 = V(X) = E\{X - E(X)\}^2 = \int_a^b (x - \mu)^2 f(x) dx$

$\quad\quad\quad = E(X^2) - \{E(X)\}^2 = \int_a^b x^2 f(x) dx - \mu^2$ 　　　(2.13)

◆例 2.12　確率変数 X の確率密度関数 $f(x)$ が
$$f(x) = x/2 \quad (0 \leq x \leq 2)$$
で与えられているとき，X の平均値と分散を求めよ．

解　平均値　$\mu = E(X) = \int_0^2 x \cdot x/2 \, dx = [x^3/6]_0^2 = 4/3$

分　散　$\sigma^2 = V(X) = \int_0^2 x^2 \cdot x/2 \, dx - (4/3)^2 = [x^4/8]_0^2 - 16/9 = 2/9$

2つの確率変数 X, Y の平均値および分散について，次のような性質がある．ここで a, b は定数とする．

（1）　$E(X+a) = E(X) + a$,　$V(X+a) = V(X)$

（2）　$E(aX) = aE(X)$,　$V(aX) = a^2 V(X)$

これより
$$E(aX+b) = aE(X) + b,\quad V(aX+b) = a^2 V(X)$$
$$E(aX+bY) = aE(X) + bE(Y)$$

また，X, Y が独立のとき

（3）　$E(X \cdot Y) = E(X) \cdot E(Y)$,　$V(X+Y) = V(X) + V(Y)$

が成り立つ．

問　上の（1），（2），（3）について証明せよ．

2.2.3　離散的な確率分布

（1）　2項分布

1回の試行で事象 A の起こる確率を p とする．この試行を独立に n 回試みたとき，事象 A が x 回起こる確率は

$$P(X=x) = {}_nC_x p^x (1-p)^{n-x} \quad (x=0,\ 1,\ 2,\ \cdots,\ n) \tag{2.14}$$

で与えられる．このときの X の分布を **2項分布** といい，$B(n, p)$ とかく．これは $(q+p)^n$ の2項定理による展開式

$$(q+p)^n = q^n + {}_nC_1 p q^{n-1} + {}_nC_2 p^2 q^{n-2} + \cdots + {}_nC_x p^x q^{n-x} + \cdots + p^n$$

の一般項として表現されていることがわかる．

2項分布は，図2.11に示すように p を一定にして試行回数 n を大きくすると，左右対称な分布に近づく．この分布は一般にある事柄が起こる確率が一定とみなされるような問題に対してつねに適用でき，その利用範囲もたいへん広い分布である．

2項分布の平均値と分散は次のようになる．

　平均値　$E(X) = np$ \hfill (2.15)

　分　散　$V(X) = np(1-p)$ \hfill (2.16)

図2.11　2項分布

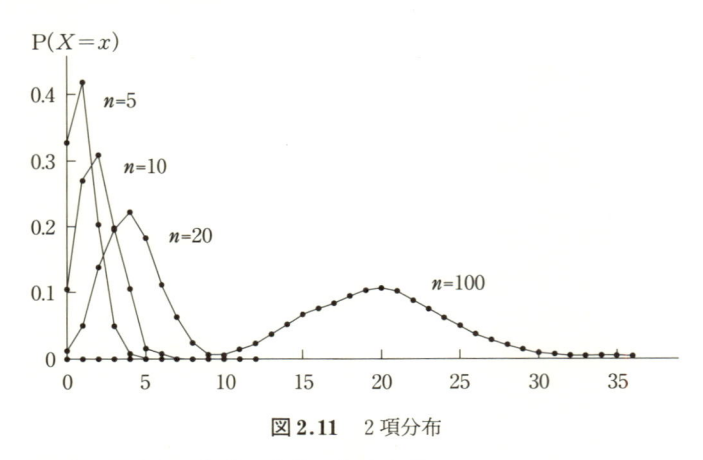

問　2項分布の平均値 $E(X)$ と分散 $V(X)$ を導け．

2項分布の分布関数 $F(x)$ は

$$F(x) = P(X \leq x) = P(X=0) + P(X=1) + \cdots + P(X=x)$$
$$= q^n + {}_nC_1 pq^{n-1} + {}_nC_2 p^2 q^{n-2} + \cdots + {}_nC_x p^x q^{n-x} \tag{2.17}$$

として求められる（ただし，$q = 1-p$）．

◆**例 2.13**　硬貨を10回投げたとき表の出る回数の平均値と分散を求めよ．また表が9回以上出る確率を求めよ．

解　表の出る回数を X とする．表の出る確率は $p=1/2$，投げる回数 $n=10$ より

平均値　$E(X) = 10 \times 1/2 = 5$

分　散　$V(X) = 10 \times 1/2 \times (1-1/2) = 5/2$

また，表が9回以上出る確率 $P(X \geq 9)$ は

$$P(X \geq 9) = P(X=9) + P(X=10)$$
$$= {}_{10}C_9 (1/2)^9 (1/2)^1 + {}_{10}C_{10}(1/2)^{10}(1/2)^0$$
$$= 0.010 + 0.001$$
$$= 0.011$$

（2）ポアソン分布

ある学科50名の学生の1日の欠席者数 X の分布は，各学生の欠席率 p が一定であるとみなせば，2項分布 $P(X=x) = {}_{50}C_x p^x (1-p)^{50-x}$ で表される．

この場合 p は各人の1年間の欠席率であるからきわめて小さい値をとると考えられる．たとえば $p=0.02$ としてグラフをかくと図2.12のようになり，$x=0$，1，2，3，4回くらいはよく起こるが10回以上欠席するというようなことはめったに起こらないといえる．

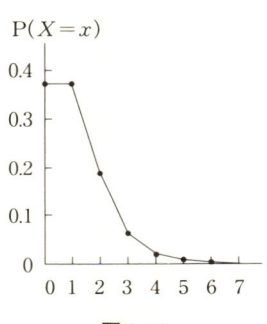

図 2.12

このように，2項分布において p の値が非常に小さく，n が非常に大きくて，その平均値 np がだいたい一定の値 (λ) をとるようなとき，近似式として2項分布の式よりずっと簡単に扱える次のようなポアソン分布が導かれる．

すなわち，確率変数 X の分布が

$$P(X=x)=\frac{\lambda^x}{x!}e^{-\lambda} \quad (x=0,\ 1,\ 2,\ \cdots) \tag{2.18}$$

で与えられるとき，X は**ポアソン分布**をするという．

ポアソン分布の平均値および分散は次のようになる．

  平均値 $E(X)=\lambda$ (2.19)

  分 散 $V(X)=\lambda$ (2.20)

問 ポアソンの平均値 $E(X)$ と分散 $V(X)$ を導け．

◆例 2.14 ある製品は10箱について1個の割合で不良品が入っているとすれば，この製品を20箱購入したとき不良品が x 個入っている確率をポアソン分布によってあてはめよ．

（**解**） 10箱について不良品が1個なので，1箱の割合は $p=0.1$．したがって，20箱の平均値 $E(X)=\lambda=0.1\times 20=2$．ゆえに，この場合のポアソン分布は次のよ

うになる.
$$P(X=x) = \frac{2^x}{x!} e^{-2}$$
このとき不良個数 X が 0, 1, 2, …をとる確率は次のとおりである.

表2.6

X	0	1	2	3	4	5	6	7
確率	0.1353	0.2706	0.2706	0.1808	0.0902	0.0361	0.0120	0.0037

ポアソン分布において，平均値 λ が 0.5, 1, 2, 5 の場合の分布を図 2.13 に示す. λ が大きくなるとしだいに左右対称な分布に近づくことがわかる.

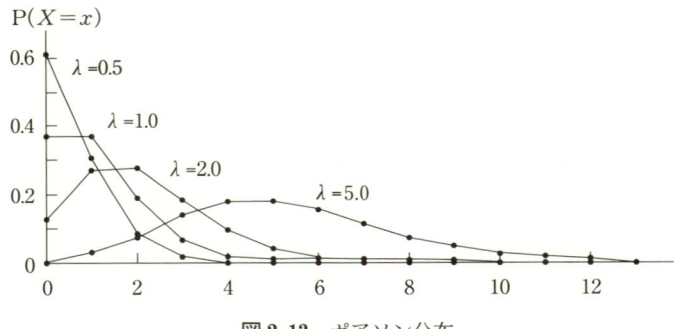

図2.13 ポアソン分布

2.2.4 連続的な確率分布

（1） 一様分布

毎時 0 分，30 分にバス停を発車するバスがある．発車時間を知らない人がバスに乗るためにランダムにバス停にきたときの待ち時間を X 分とすると，X の確率密度関数 $f(x)$ は
$$f(x) = \begin{cases} 1/30 & (0 \leq x \leq 30) \\ 0 & (その他) \end{cases}$$
となる．この分布は図 2.14 のようになる．

図 2.14

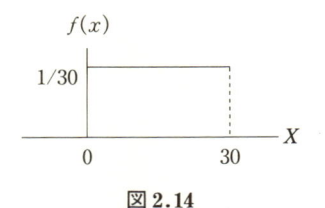

ここで待ち時間が 10 分から 20 分となる確率は

$$P(10 \leqq X \leqq 20) = \int_{10}^{20} 1/30 \, dx = (20-10)/30 = 1/3$$

一般に，確率変数 X の確率密度関数 $f(x)$ が

$$f(x) = \begin{cases} \dfrac{1}{b-a} & (a \leqq x \leqq b) \\ 0 & (その他) \end{cases} \tag{2.21}$$

で与えられるとき，この確率分布を**一様分布**という．

この分布の平均値と分散は次のようになる．

$$平均値 \quad E(X) = \frac{a+b}{2} \tag{2.22}$$

$$分\ 散 \quad V(X) = \frac{(b-a)^2}{12} \tag{2.23}$$

◆例 2.15 式 (2.22), (2.23) を導け．

解 平均値 $E(X) = \int_a^b x f(x) dx = \int_a^b x \cdot \dfrac{1}{b-a} dx = \dfrac{a+b}{2}$

分 散 $V(X) = E(X^2) - \{E(X)\}^2$

$E(X^2) = \int_a^b x^2 \cdot f(x) dx$

$\qquad = \int_a^b x^2 \dfrac{1}{b-a} dx = \dfrac{a^2+ab+b^2}{3}$

∴ $V(X) = \dfrac{a^2+ab+b^2}{3} - \left(\dfrac{a+b}{2}\right)^2 = \dfrac{(b-a)^2}{12}$

◆例 2.16 上の例の平均値と分散を求めよ．

解 $a=0, \ b=30$ より

平均値　$E(X) = (30+0)/2 = 15$(分)

分　散　$V(X) = (30-0)^2/12 = 900/12 = 75$(分)^2

（2）指数分布

確率変数 X の確率密度関数 $f(x)$ が

$$f(x) = \begin{cases} \lambda e^{-\lambda x} & (x>0) \\ 0 & (その他) \end{cases} \tag{2.24}$$

で与えられるとき，この確率分布を**指数分布**という（ここで $\lambda > 0$）．

この分布の平均値と分散は次のようになる．

$$平均値 \quad E(X) = \frac{1}{\lambda} \tag{2.25}$$

$$分　散 \quad V(X) = \frac{1}{\lambda^2} \tag{2.26}$$

ある事象の単位当たりの発生回数がポアソン分布に従うとき，その事象と事象の間の発生間隔（時間または長さ）は指数分布に従うことが知られている．待ち行列や信頼性の解析によく使われている．

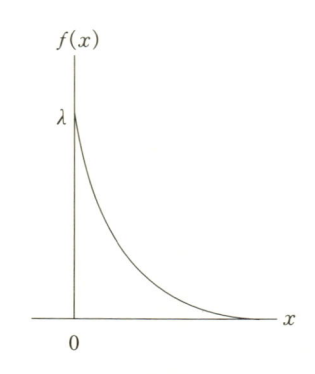

図 2.15　指数分布

◆例 2.17　式 (2.25)，式 (2.26) を導け．

解

$$平均値 \quad E(X) = \int_0^\infty x \cdot \lambda e^{-\lambda x} dx = \int_0^\infty e^{-\lambda x} dx = \frac{1}{\lambda}$$

$$E(X^2) = \int_0^\infty x^2 \lambda e^{-\lambda x} dx = 2 \int_0^\infty x e^{-\lambda x} dx = \frac{2}{\lambda^2}$$

∴ 分　散　$V(X) = \dfrac{2}{\lambda^2} - \left(\dfrac{1}{\lambda}\right)^2 = \dfrac{1}{\lambda^2}$

また，分布関数 $F(x)$ は

$$F(x) = \int_0^x \lambda e^{-\lambda x} dx = 1 - e^{-\lambda x} \quad (x > 0) \tag{2.27}$$

となる．

◆例 2.18　電話の平均通話時間が 3 分間の指数分布に従うものとするとき，3 分間以上通話をする確率を求めよ．

解　平均通話時間が 3 分であるから $1/\lambda = 3$．∴　$\lambda = 1/3$
　したがって通話時間 X が 3 分以上続く確率は
$$P(X \geqq 3) = 1 - P(X < 3) = 1 - (1 - e^{-3/3}) = e^{-3/3} = 0.368$$

（3）正規分布

確率変数 X の確率密度関数 $f(x)$ が

$$f(x) = \dfrac{1}{\sqrt{2\pi}\,\sigma} e^{-(x-\mu)^2/2\sigma^2} \quad (-\infty < x < \infty) \tag{2.28}$$

で与えられるとき，この確率分布は平均値 μ と分散 σ^2 の正規分布に従うといい，$N(\mu, \sigma^2)$ と略記する．

正規分布は図 2.16 に示すように，平均値 μ を中心とした左右対称なベル型の分布をし，$x = \mu \pm \sigma$ では変曲点をもつ．また $x = \mu \pm 3\sigma$ ではほとんど x 軸に接するようになる．

確率変数 X が $N(\mu, \sigma^2)$ に従うとき $Z = (X - \mu)/\sigma$ なる変換を行うと，Z は平均値 $\mu = 0$，分散 $\sigma^2 = 1^2$ の正規分布 $N(0, 1^2)$ に従う．この変換を一般に**標準化する**（または**規準化する**）といい，標準化された正規分布 $N(0, 1^2)$ は**標準正規分布**とよばれる．

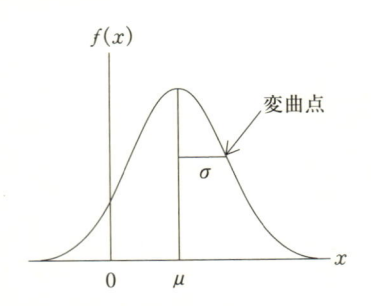

図 2.16　正規分布

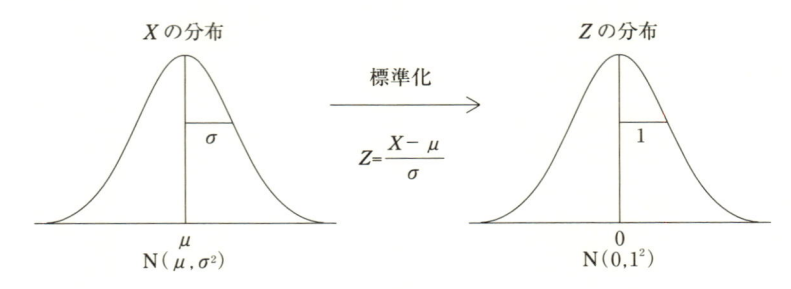

図 2.17

　この確率変数 Z の確率密度関数 $f(z)$ は

$$f(z)=\frac{1}{\sqrt{2\pi}}e^{-z^2/2} \quad (-\infty<z<\infty) \tag{2.29}$$

となる．ここで Z が標準正規分布に従うとき

$$P(0\leqq Z\leqq x)=\int_0^x \frac{1}{\sqrt{2\pi}}e^{-z^2/2}dz=p \tag{2.30}$$

とおき，x のいろいろな値に対する確率 p の値が読み取れるような数表が「正規分布表」として巻末に与えられている．

　したがって，確率変数 X が正規分布 $N(\mu,\ \sigma^2)$ に従うとき

$$P(a\leqq X\leqq b)=\int_a^b \frac{1}{\sqrt{2\pi}\sigma}e^{(x-\mu)^2/2\sigma^2}dx \tag{2.31}$$

の値を求めるには，X を

$$Z=\frac{X-\mu}{\sigma}$$

と変換すると

$$P(a \leq X \leq b) = \int_{\frac{a-\mu}{\sigma}}^{\frac{b-\mu}{\sigma}} \frac{1}{\sqrt{2\pi}} e^{-z^2/2} dz$$

$$= P\left(\frac{a-\mu}{\sigma} \leq Z \leq \frac{b-\mu}{\sigma}\right) \quad (2.32)$$

となり，すべての正規分布を $N(0, 1^2)$ に変換し正規分布表を用いてこの値を求めることができる．

◆例 2.19　確率変数 X が $N(50, 10^2)$ に従うとき，$P(35 \leq X \leq 75)$ の値を求めよ．

解　$\dfrac{X-50}{10} = Z$ と変換すると

$$P(35 \leq X \leq 75) = P\left(\frac{35-50}{10} \leq \frac{X-50}{10} \leq \frac{75-50}{10}\right)$$

$$= P(-1.5 \leq Z \leq 2.5)$$

$$= P(-1.5 \leq Z \leq 0) + P(0 \leq Z \leq 2.5)$$

標準正規分布は 0 に関して対称で $f(z) = f(-z)$ であるから，正規分布表より

$P(-1.5 \leq Z \leq 0) = P(0 \leq Z \leq 1.5) = 0.4332$,

$P(0 \leq Z \leq 2.5) = 0.4938$

∴ $= 0.4332 + 0.4938 = 0.9270$

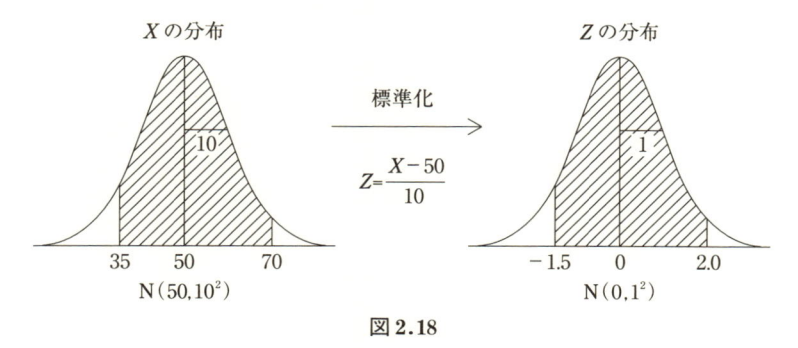

図 2.18

◆例 2.20　ある学校で新入生の身長を調べた結果，平均値 166 cm，標準偏差 7 cm であった．身長は正規分布をするものとして，身長が 173 cm 以上の学生は全体の何 % いるか．

解 $z=(x-166)/7$ と標準化すると $z=(173-166)/7=1.0$

$\therefore \ \mathrm{P}(173 \leqq X)=\mathrm{P}(1.0 \leqq Z)=0.5-\mathrm{P}(0 \leqq Z \leqq 1.0)=0.5-0.3413=0.1587$

したがって 約 15.9% となる.

◆例 2.21 X が正規分布 $\mathrm{N}(\mu, \sigma^2)$ に従うとき,次の確率を求めよ.
(1) $\mathrm{P}(\mu-\sigma \leqq X \leqq \mu+\sigma)$ (2) $\mathrm{P}(\mu-2\sigma \leqq X \leqq \mu+2\sigma)$
(3) $\mathrm{P}(\mu-3\sigma \leqq X \leqq \mu+3\sigma)$

解 $z=(x-\mu)/\sigma$ と変換すると

$$z_{\mu\pm\sigma}=\pm 1, \quad z_{\mu\pm 2\sigma}=\pm 2, \quad z_{\mu\pm 3\sigma}=\pm 3$$

なので

$$\mathrm{P}(\mu-\sigma \leqq X \leqq \mu+\sigma)=\mathrm{P}(-1 \leqq Z \leqq 1)=2\mathrm{P}(0 \leqq Z \leqq 1)$$
$$=2\times 0.3413=0.6826 \ (約 68.3\%)$$

同様にして

$$\mathrm{P}(\mu-2\sigma \leqq X \leqq \mu+2\sigma)=2\times 0.4773=0.9546 \ (約 95.5\%)$$
$$\mathrm{P}(\mu-3\sigma \leqq X \leqq \mu+3\sigma)=2\times 0.4987=0.9974 \ (約 99.7\%)$$

2章・演習問題

2.1 3個のサイコロを投げたとき,2個だけ等しい目を出す確率を求めよ.

2.2 2つの袋がある.1つの袋には白球3個と黒球2個,もう1つの袋には白球2個と黒球1個が入っている.いま無作為に1つの袋を選んで1個を取り出したとき,それが白球である確率を求めよ.

2.3 赤玉が6個と白玉が4個入っている箱がある.最初に A が1個取り出し,次に B が1個取り出すとき
(1) B が赤玉を取り出す確率を求めよ.
(2) A, B のうち,少なくとも1人が赤玉を取り出す確率を求めよ.

2.4 ある商店街の催しで,抽選券10000本をつくり特賞10万円1本,1等1万円2本,2等5000円10本,3等1000円20本を用意した.この期待値はいくらになるか.

2.5 確率変数 X の確率分布が

$$\mathrm{P}(X=-1)=1/4, \quad \mathrm{P}(X=0)=1/3, \quad \mathrm{P}(X=2)=1/3, \quad \mathrm{P}(X=3)=a$$

であるとき,次の値を求めよ.
(1) a の値

（2） $P(-1 \leqq X \leqq 1)$ の値
　　（3） 平均値 $E(X)$ および分散 $V(X)$ の値
2.6 確率変数 X の確率密度関数 $f(x)$ が
$$f(x) = \begin{cases} 1/10 & (0 \leqq x \leqq 10) \\ 0 & (\text{その他}) \end{cases}$$
であるとき，平均値 $E(X)$ と分散 $V(X)$ を求めよ．

2.7 ある製品が 100 個入っている箱が入荷した．この製品の不良率は 3％ であるという．いま，この箱から無作為に 5 個取り出したとき，不良品が 1 個以下なら購入し，2 個以上なら返品するものとする．このとき購入する確率はいくらか．

2.8 1998 年の簡易生命表によると，60 歳の女性が 65 歳までに死亡する確率は 0.025 である．60 歳の女性の同窓生 50 人の中で 65 歳になるまでに x 人死亡する確率 $P(X=x)$ を求めよ．

2.9 ある病院での 1 人あたりの患者の治療時間は平均 6 分の指数分布に従うという．いま，ある患者が治療を受けたとき 10 分以上時間がかかる確率を求めよ．

2.10 ある科目の期末テストで，全体の 10％ が 35 点以下で 15％ が 85 点以上であった．テストの成績の分布が正規分布に従うものとして，この科目の平均点と標準偏差を求めよ．

第3章 標本分布

3.1 母集団と標本

　ある調査を行おうとする際に，その調査の対象となる単位全体をもれなく調べあげる場合と，その中から一部分の単位を抽出して調べ全体を推測する場合がある．前者を**全数調査**といい，後者を**標本調査**という．このとき調査対象となる単位全体を**母集団**といい，調査のために母集団から抽出した一部分の単位を**標本**という．母集団から標本を抽出する際に，どの単位も等しい確率になるように抽出して得られた標本を**無作為標本**（または**任意標本**）とよんでいる．母集団および標本を構成する単位の個数をそれぞれ母集団および標本の大きさという．また母集団はその大きさが有限であるか無限であるかによって**有限母集団**と**無限母集団**の2つに区分される．

　母集団から大きさ n の標本を抽出するとき，一度抽出した単位をもとに戻してから再び抽出することを繰り返し行う方法を**復元抽出法**といい，一度抽出した単位をもとに戻さずに抽出する方法を**非復元抽出法**という．

　母集団の単位は身長とか体重というような特性（または標識）をもっており，一般にこの特性 X は一定の確率分布（たとえば正規分布など）に従っていると考える．この分布を X の**母集団分布**という．

　このような母集団から n 個の標本 X_1, X_2, $\cdots$, X_n を抽出するとき，これらの標本 X_i は互いに独立で，しかも各 X_i がすべて母集団 X の分布と同じ確率分布をもつ確率変数と考えられる．この n 個の標本 X_1, X_2, $\cdots$, X_n に対して，実際に母集団の特性 X を測定して得られた値 x_1, x_2, $\cdots$, x_n をこの標本の**実現値**という．

　統計学でわれわれが求めるのは，この標本 X_1, X_2, $\cdots$, X_n の実現値 x_1,

x_2, ..., x_n から母集団の分布に関する種々の情報を得ることにある．

3.2 標 本 分 布

　母集団の特性 X は確率変数としてその確率分布，すなわち母集団分布をもつことはすでに述べた．この場合 X の分布が正規分布に従うとき**正規母集団**という．母集団に関する性質は，平均値，分散，比率などのようにその特性値でまとめられる．これを母集団の**母数**とよんでいる．たとえば，母平均，母分散，母比率などがそれである．

　これに対して，母集団の一部である標本 X_1, X_2, ..., X_n についても同様に考えることができる．この標本の特性値を**統計量**という．統計量は，たとえば標本平均，標本分散，標本比率などとよんで母数と区別する．統計量は標本から導かれた関数であるから当然確率変数である．したがって，統計量にはその確率分布が考えられる．この確率分布をその統計量の**標本分布**という．

　標本分布は統計理論で最も重要な役割をもっている．ここでは母集団分布が正規分布に従うとき，その母集団から抽出された標本からつくられるいくつかの重要な分布（標本平均 $\overline{X}$ の分布，χ^2 分布，t 分布，F 分布）について簡単に述べることにする．

3.2.1　標本平均 $\overline{X}$ の分布

　いま1つの母集団を考えよう．その平均値を μ，分散を σ^2 とし，必ずしも正規分布ではないとする．この母集団より抽出された大きさ n の標本 X_1, X_2, ..., X_n からつくられた標本平均

$$\overline{X} = \frac{X_1 + X_2 + \cdots + X_n}{n}$$

の分布がどのような分布に従うかについては，次のようなことが知られている．すなわち，一般に母集団の分布が正規分布でない場合であっても，その母集団から抽出した標本の大きさ n が十分大きくなると，標本平均 $\overline{X}$ の分布はしだいに平均値 μ，分散 σ^2/n の正規分布に近づいてくる．このことがらの数学的根拠は次の中心極限定理に基づくものである．

　定理（中心極限定理）　確率変数 X_1, X_2, ..., X_n が互いに独立で，平均値 μ，分散 σ^2 の同一分布に従うものとする．このとき，十分大きな n に対して

標本平均 $\overline{X}$ の分布は正規分布 $N(\mu, \sigma^2/n)$ に近づく.

> ◆例 3.1　正規母集団 $N(\mu, \sigma^2)$ からの大きさ n の標本からつくられる標本平均 $\overline{X}$ の平均値は μ, 分散は σ^2/n となることを示せ.

解　標本平均を
$$\overline{X}=\frac{X_1+X_2+\cdots+X_n}{n}$$
とすると,

平均値　$E(\overline{X})=E\left(\dfrac{X_1+X_2+\cdots+X_n}{n}\right)$

$\qquad\qquad\quad=\dfrac{1}{n}E(X_1+\cdots+X_n)$

$\qquad\qquad\quad=\dfrac{1}{n}\{E(X_1)+\cdots+E(X_n)\}\qquad [E(X)=\mu]$

$\qquad\qquad\quad=\dfrac{1}{n}(\mu+\mu+\cdots+\mu)$

$\qquad\qquad\quad=\mu$

分　散　$V(\overline{X})=V\left(\dfrac{X_1+X_2+\cdots+X_n}{n}\right)$

$\qquad\qquad\quad=\dfrac{1}{n^2}V(X_1+\cdots+X_n)$

$\qquad\qquad\quad=\dfrac{1}{n^2}\{V(X_1)+\cdots+V(X_n)\}\qquad [V(X)=\sigma^2]$

$\qquad\qquad\quad=\dfrac{1}{n^2}(\sigma^2+\sigma^2+\cdots+\sigma^2)$

$\qquad\qquad\quad=\dfrac{\sigma^2}{n}$

よって, 標本平均 $\overline{X}$ の分布は, 平均値 μ, 分散 σ^2/n となる.

母集団分布 X と標本平均 $\overline{X}$ の分布の関係を図 3.1 に示す.

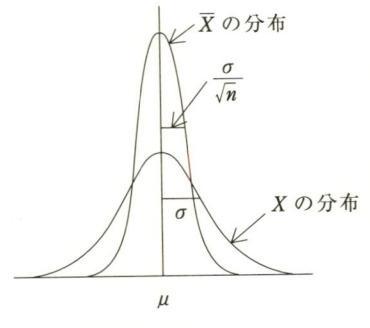

図 3.1　$\overline{X}$ の分布

標本比率の分布

母集団が互いに排反な 2 つの性質 A, $\overline{A}$ から構成されていて,性質 A の割合を p としよう.この p を**母集団比率**という.この母集団から大きさ n の標本 X_1, X_2, $\cdots$, X_n を抽出したとき,その中に性質 A が X 個あれば,この標本平均 $\overline{X}$ は性質 A の標本比率 X/n となる.

標本平均 $\quad \overline{X} = \dfrac{X_1 + X_2 + \cdots + X_n}{n} = \dfrac{X}{n} = $ 標本比率

この X は 2 項分布 $B(n, p)$ に従い,n が十分大きいときには近似的に正規分布 $N(np, np(1-p))$ に従うとみなせる.

標本平均 X/n の分布の平均値と分散は

平均値 $\quad E(X/n) = \dfrac{E(X)}{n} = \dfrac{np}{n} = p$

分　散 $\quad V(X/n) = \dfrac{V(X)}{n^2} = \dfrac{np(1-p)}{n^2} = \dfrac{p(1-p)}{n}$

となる.これより標本比率 X/n の分布も n が十分に大きくなるとき近似的に正規分布 $N(p, p(1-p)/n)$ に従うことがわかる (図 3.2).

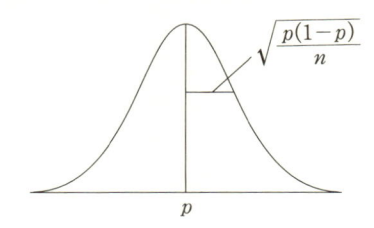

図 3.2　X/n の分布

3.2.2　χ^2 分布（カイ 2 乗分布）

確率変数 χ^2 の確率密度関数 $f(\chi^2)$ が

$$f(\chi^2) = \dfrac{1}{2^{n/2} \Gamma(n/2)} (\chi^2)^{(n/2)-1} e^{-(1/2)\chi^2} \quad (n > 0, \; \chi^2 > 0)$$

であるとき,この分布は自由度 n の χ^2 分布に従う.

χ^2 分布の平均値 $E(\chi^2) = n$,分散 $V(\chi^2) = 2n$ である.

（注）　ここで,$\Gamma(n/2)$ はガンマ関数といわれるもので

$$\Gamma(\alpha) = \int_0^\infty e^{-x} x^{\alpha-1} dx$$

で定義される.この関数は次の性質をもつ.

① $\Gamma(a+1) = a\Gamma(a)$
② $\Gamma(1) = \Gamma(2) = 1$
③ $\Gamma(1/2) = \sqrt{\pi}$
④ $\Gamma(n+1) = n\Gamma(n) = n(n-1)\Gamma(n-1) = n(n-1)\cdots 3\cdot 2\cdot 1 = n!$

確率変数 X が正規分布 $N(0, 1^2)$ に従っているとき,その平方 X^2 は自由度1の χ^2 分布に従って分布する.したがって,確率変数 X が正規分布 $N(\mu, \sigma^2)$ に従うとき,これを標準化し $\dfrac{X-\mu}{\sigma}$ とおくとその平方 $\left(\dfrac{X-\mu}{\sigma}\right)^2$ は自由度1の χ^2 分布に従って分布する.

一般に,確率変数 $X_1, X_2, \cdots, X_n$ が正規分布 $N(0, 1^2)$ に従うとき

$$\chi^2 = X_1^2 + X_1^2 + \cdots + X_n^2$$
$$= \sum_{i=1}^{n} X_i^2$$

をつくると,この分布は自由度 n の χ^2 分布に従って分布する.

したがって,確率変数 $X_1, X_2, \cdots, X_n$ が正規分布 $N(\mu, \sigma^2)$ に従うとき $\dfrac{X_1-\mu}{\sigma}, \dfrac{X_2-\mu}{\sigma}, \cdots, \dfrac{X_n-\mu}{\sigma}$ とおくと,これらは正規分布 $N(0, 1^2)$ に従うので,ここで

$$\chi^2 = \left(\dfrac{X_1-\mu}{\sigma}\right)^2 + \left(\dfrac{X_2-\mu}{\sigma}\right)^2 + \cdots + \left(\dfrac{X_n-\mu}{\sigma}\right)^2$$
$$= \sum_{i=1}^{n}\left(\dfrac{X_i-\mu}{\sigma}\right)^2$$

とおくと,自由度 n の χ^2 分布に従う.

また,この確率変数 $X_1, X_2, \cdots, X_n$ よりつくられた標本平均 $\overline{X}$ の分布は正規分布 $N(\mu, \sigma^2/n)$ に従うことから,ここで $\dfrac{\overline{X}-\mu}{\sigma/\sqrt{n}}$ とおくと,正規分布 $N(0, 1^2)$ に従う.したがって,これを2乗して

$$\chi^2 = \dfrac{(\overline{X}-\mu)^2}{\sigma^2/n}$$

とおくと,自由度1の χ^2 に従うことがわかる.

次に,確率変数 $X_1, X_2, \cdots, X_n$ が母平均 μ が未知である正規分布 $N(\mu, \sigma^2)$ に従うとき,μ の代わりに $\overline{X}$ を用いて

$$\chi^2 = \left(\frac{X_1 - \overline{X}}{\sigma}\right)^2 + \left(\frac{X_2 - \overline{X}}{\sigma}\right)^2 + \cdots + \left(\frac{X_n - \overline{X}}{\sigma}\right)^2$$
$$= \sum_{i=1}^{n}\left(\frac{X_i - \overline{X}}{\sigma}\right)^2$$

とおくと，これは自由度 $n-1$ の χ^2 分布に従うことが導かれる．

χ^2 分布表

$P(\chi^2 \geq \chi_0^2) = p$ となるような χ_0^2 の値が自由度 n と p に対して求められている．この χ_0^2 を自由度 n の χ^2 分布の $100p\%$ 点といい，$\chi_n^2(p)$ で表す．

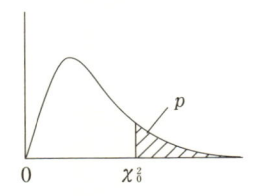

図 3.3　χ^2 分布

◆例 3.2　X が自由度 10 の χ^2 分布に従うとき
（1）　$P(X \geq \chi_0^2) = 0.01$ となる χ_0^2 の値
（2）　$P(X \geq 3.749) = \alpha$ となる α の値
を求めよ．

解　χ^2 分布表より
（1）　$\chi_0^2 = \chi_{10}^2(0.01) = 23.21$
（2）　$\chi_{10}^2(\alpha) = 3.749$ となる α の値は **χ^2 分布表**にないので次のようにして**線形補間法**により求める．

$$\alpha = 0.975 + (3.749 - 3.247) \times \frac{0.95 - 0.975}{3.940 - 3.247}$$
$$= 0.975 - 0.01728$$
$$\fallingdotseq 0.958$$

表 3.1

p \ n	0.975	(α)	0.95
10	3.247	3.749	3.940

3.2.3　t 分布

確率変数 X が正規分布 $N(0, 1^2)$ に従い，Y が自由度 n の χ^2 分布に従うとき，

$$T = \frac{X}{\sqrt{Y/n}}$$

をつくると，この分布は自由度 n の t 分布に従う．

この T の確率密度関数 $f(t)$ は

$$f(t) = \frac{1}{\sqrt{n\pi}\,\Gamma\!\left(\frac{n}{2}\right)} \Gamma\!\left(\frac{n+1}{2}\right) \left(1 + \frac{t^2}{n}\right)^{-\frac{n+1}{2}} \quad (n>0,\ -\infty < t < \infty)$$

で表される．

自由度 $n(n>2)$ の t 分布は，平均値 $E(T)=0$，分散 $V(T)=n/(n-2)$ なる左右対称な分布で，n が大きくなると正規分布 $N(0, 1^2)$ に近づくことがわかる．実用上 $n>30$ ではほとんど正規分布 $N(0, 1^2)$ とみなしてもさしつかえない．

また，確率変数 $X_1, X_2, \cdots, X_n$ が正規分布 $N(\mu, \sigma^2)$ に従って分布し，その平均値を $\overline{X}$，分散を S^2 とするとき

$$T = \frac{\overline{X} - \mu}{S/\sqrt{n-1}}$$

は自由度 $n-1$ の t 分布に従うことが証明される．

t 分布表

t 分布でも $P(|T| \geqq t_0) = p$ となるような t_0 の値が自由度 n と p に対して求められている．この t_0 を t 分布の自由度 n の $100p\%$ 点といい，$t_n(p)$ で表す．

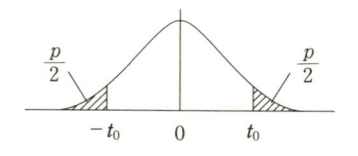

図 3.4　t 分布

◆例 3.3　T が自由度 15 の t 分布に従うとき
（1）　$P(|T| > t_0) = 0.01$ となる t_0 の値
（2）　$P(|T| \leqq 2.602) = \alpha$ となる α の値
（3）　$P(|T| > 2.45) = \alpha$ となる α の値
を求めよ．

解 t 分布表より

(1) $t_0 = t_{15}(0.01) = 2.947$

(2) $P(|T| \leq 2.602) = 1 - P(|T| > 2.602) = \alpha$
 $\therefore \alpha = 1 - 0.02 = 0.98$

(3) $P(|T| > 2.45)$ の値は **t 分布表**にないので**線形補間法**で求める．

$$\alpha = 0.05 + (0.02 - 0.05) \times \frac{2.45 - 2.131}{2.602 - 2.131}$$

$$= 0.05 - 0.0203$$

$$\fallingdotseq 0.0297$$

表 3.2

p \ n	0.05	(α)	0.02
15	2.131	2.45	2.602

◆例 3.4　T が自由度 35 の t 分布に従うとき，$P(|T| > t_0) = 0.05$ となる t_0 の値を求めよ．

解　$p = 0.05$ の場合，自由度 35 の値は **t 分布表**にないので次のように**逆数補間法**によって求める．

自由度 30 と 40 のときの 5% 点は t 分布表より

$$t_{30}(0.05) = 2.042$$
$$t_{40}(0.05) = 2.021$$

$\therefore$　$t_{35}(0.05) = 2.042 + (2.021 - 2.042) \times \dfrac{1/35 - 1/30}{1/40 - 1/30}$

$$= 2.042 - 0.0126$$
$$= 2.029$$

表 3.3

p \ n	0.05
⋮	⋮
30	2.042
(35)	⋯(t_{35})
40	2.021
⋮	⋮

3.2.4　F 分 布

2 つの確率変数 X，Y が互いに独立で，それぞれ自由度 n_1，n_2 の χ^2 分布に従うものとする．このとき

$$F = \frac{X/n_1}{Y/n_2}$$

をつくると，この分布は自由度 (n_1, n_2) の F 分布に従う．

この確率密度関数 $f(F)$ は

$$f(F) = \frac{\Gamma\left(\frac{n_1+n_2}{2}\right)}{\Gamma\left(\frac{n_1}{2}\right)\Gamma\left(\frac{n_2}{2}\right)}\left(\frac{n_1}{n_2}\right)^{n_1/2}\frac{F^{(n_1/2)-1}}{\left(1+\frac{n_1}{n_2}F\right)^{(n_1+n_2)/2}} \quad (F>0)$$

で表される．F 分布の平均値 $E(F)$ と分散 $V(F)$ はそれぞれ

$$E(F) = \frac{n_2}{n_2-2} \quad (n_2>2)$$

$$V(F) = \frac{2n_2^2(n_1+n_2-2)}{n_1(n_2-2)^2(n_2-4)} \quad (n_2>4)$$

正規母集団 $N(\mu, \sigma^2)$ からの大きさ n の標本 $X_1, X_2, \cdots, X_n$ から標本平均 $\overline{X}$ と標本分散 S^2 を求める．

$$\overline{X} = \frac{1}{n}\sum_{i=1}^{n}X_i$$

$$S^2 = \frac{1}{n}\sum_{i=1}^{n}(X_i-\overline{X})^2$$

このとき

$$F = \frac{(\overline{X}-\mu)^2}{S^2/(n-1)}$$

とおくと，自由度 $(1, n-1)$ の F 分布に従う．

また，2つの正規母集団 $N(\mu_1, \sigma_1^2)$, $N(\mu_2, \sigma_2^2)$ からのそれぞれ大きさ n_1, n_2 の2つの独立な標本からつくられる標本平均を $\overline{X_1}, \overline{X_2}$ とし，標本分散を S_1^2, S_2^2 とする．このとき

$$U^2 = \frac{n_1 S_1^2 + n_2 S_2^2}{n_1+n_2-2}$$

をつくり，

$$F = \frac{\{(\overline{X_1}-\overline{X_2})-(\mu_1-\mu_2)\}^2}{U^2/(1/n_1+1/n_2)}$$

とおくと，F は自由度 $(1, n_1+n_2-2)$ の F 分布に従う．

次に，共通な分散 σ^2 をもつ2つの正規母集団 $N(\mu_1, \sigma^2)$, $N(\mu_2, \sigma^2)$ から，それぞれ大きさ n_1, n_2 の独立な標本をとり，その標本分散 S_1^2, S_2^2 から不偏分散 U_1^2, U_2^2 を求めると

$$U_1^2 = \frac{n_1}{n_1-1}S_1^2, \quad U_2^2 = \frac{n_2}{n_2-1}S_2^2$$

ここで $U_1^2 > U_2^2$ とするとき

$$F = U_1^2/U_2^2 \quad (F>1\text{ となるようにとる})$$

とおくと，この F は自由度 (n_1-1, n_2-1) の F 分布に従う．

逆に，F が自由度 (n_1-1, n_2-1) の F 分布に従うならば，$1/F$ は自由度 (n_2-1, n_1-1) の F 分布に従う．

F 分布表

F 分布にも，$P(F \geq F_0)=p$ となる F_0 を求める表が与えられている．この F_0 を自由度 (n_1, n_2) の F 分布の上側 $100p\%$ 点といい，$F_{n_2}{}^{n_1}(p)$ で表す．下側 $100p\%$ 点を求めるには，次の関係式を用いる．

$$F_{n_2}{}^{n_1}(p) = \frac{1}{F_{n_1}{}^{n_2}(1-p)}$$

F 分布表では，p が 0.05，0.025，0.01 のときの値が付表として与えられているが，0.95，0.975，0.90 のような値は表にはない．これらは下側 $100p\%$ 点を求める式を用いる．

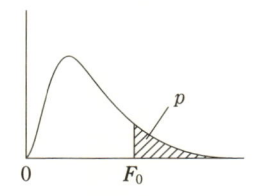

図 3.5 F 分布

たとえば，F が自由度 $(9, 15)$ の F 分布に従うとき $P(F \geq F_0)=0.95$ となり

$$F_0 = F_{15}{}^{9}(0.95) = 1/F_9{}^{15}(1-0.95)$$
$$= 1/F_9{}^{15}(0.05) = 1/3.01 = 0.3322$$

となる．

◆**例 3.5** 次の値を求めよ．
（1）$F_5{}^4(0.05)$　　（2）$F_{10}{}^6(0.975)$　　（3）$F_{50}{}^{40}(0.05)$

解　（1）F 分布表より $F_5{}^4(0.05)=5.19$
（2）$F_{10}{}^6(0.975) = 1/F_6{}^{10}(1-0.975)$
$\qquad\qquad = 1/F_6{}^{10}(0.025)$
$\qquad\qquad = 1/5.46$
$\qquad\qquad = 0.1832$

（3） $p=0.05$, $n_1=40$, $n_2=50$ の値は F 分布表にないので次のように**逆数補間法**で求める．

$$F_{57}^{40}(0.05)=1.69+(1.59-1.69)\frac{1/50-1/40}{1/60-1/40}$$
$$=1.69-0.1\times 0.6$$
$$=1.63$$

表 3.4

n_2 \ n_1	40
40	…… 1.69
(50)	…… (F_{50}^{40})
60	…… 1.59

3章・演習問題

3.1 正規母集団 $N(50, 100)$ からの大きさ 25 の標本からつくられた標本平均を $\overline{X}$ とするとき，
  （1） $E(\overline{X})$, $V(\overline{X})$ を求めよ．
  （2） $P(47.5<\overline{X}<55)$ の値を求めよ．
  （3） $P(\overline{X}<\lambda)=0.90$ となる λ の値を求めよ．

3.2 正規母集団 $N(\mu, 25)$ からの大きさ 10 の標本から求められた標本分散 s^2 は 43.25 であった．
  （1） χ^2 の実現値 χ_0^2 の値を求めよ．
  （2） $P(\chi^2>\chi_0^2)$ の値を求めよ．

3.3 T が自由度 10 の t 分布に従うとき，$P(|T|>2.023)$ の値を求めよ．

3.4 T が自由度 50 の t 分布に従うとき，$P(-t_0<T<t_0)=0.98$ となる t_0 を求めよ．

3.5 F が自由度 (35, 25) の F 分布に従うとき，$P(F>F_0)=0.025$ となる F_0 を求めよ．

3.6 F が自由度 (30, 20) の F 分布に従うとき，$P(F<F_0)=0.01$ となる F_0 の値を求めよ．

第4章 推 定

4.1 推定の考え方

標本から,母平均,母分散など母集団を特性づける母数を知るということは,統計学の中心課題である.母集団の特性を知るにはその確率分布がわかれば十分であるが,一般にわかっていない場合が多い.そこで母集団分布を特性づける母数を θ とし,分布の形を $f(x;\theta)$ と仮定して(たとえば,正規分布として),この母数 θ を標本から推定しようとするのである.すなわち,標本 $X_1, X_2, \cdots, X_n$ から統計量 $T_n = T_n\{X_1, X_2, \cdots, X_n\}$ をつくり,測定結果の値 $x_1, x_2, \cdots, x_n$ より求まる T_n の実現値 $t_n = T_n(x_1, x_2, \cdots, x_n)$ から,母数 θ の値を推定する.このように母数 θ の推定に用いられる統計量 T_n を**推定量**とよんでいる.

母数の推定には,点推定と区間推定の2つがある.

点推定

母集団の未知母数 θ を推定するのに,ただ1つの統計量 T_n を定め,測定結果から得られる T_n から θ の値を推定する方法である.

この場合,1つの母数 θ に対していくつもの推定量が考えられる.たとえば,母平均に対して標本平均とか中央値などいろいろある.その中でどのような推定量がもっともよい推定量といえるだろうか.通常,標本を1回だけの測定結果から得られる統計量 T_n が母数 θ にぴったり一致しているということは滅多にないであろう.そこで,標本を何回も繰り返しとってきて統計量 T_n の分布を求めたとき,そのちらばりが非常に小さいもの,T_n の平均結果が θ に等しくなるもの,などがよい推定量であるとみなすことができよう.

一般に統計量 T_n の平均値（期待値）が母数 θ に等しいとき，すなわち
$$\mathrm{E}(T_n)=\theta$$
であるとき，T_n を θ の**不偏推定量**という．点推定では多くの場合このような偏りのない推定量を用いることが望ましいといえよう．

◆例 4.1　母平均が μ である母集団からの大きさ n の無作為標本を X_1, X_2, $\cdots$, X_n とするとき，その標本平均 $\overline{X}$ は μ の不偏推定量である．

解　標本平均 $\overline{X}$ を
$$\overline{X}=\frac{X_1+X_2+\cdots+X_n}{n}$$
とすると
$$\begin{aligned}\mathrm{E}(\overline{X})&=\mathrm{E}\left(\frac{X_1+X_2+\cdots+X_n}{n}\right)\\&=\frac{1}{n}\{\mathrm{E}(X_1)+\mathrm{E}(X_2)+\cdots+\mathrm{E}(X_n)\}\\&=\frac{1}{n}(\mu+\mu+\cdots+\mu)\\&=\mu\end{aligned}$$
となり，$\overline{X}$ は μ の不偏推定量である．

◆例 4.2　標本分散 S^2 は母分散 σ^2 の不偏推定量ではない．

解　標本分散 S^2 を
$$S^2=\frac{1}{n}\sum_{i=1}^{n}(X_i-\overline{X})^2$$
とすると
$$nS^2=\sum_{i=1}^{n}(X_i-\overline{X})^2=\sum_{i=1}^{n}(X_i-\mu)^2-n(\overline{X}-\mu)^2$$
より
$$\begin{aligned}\mathrm{E}(nS^2)&=\mathrm{E}\{\sum_{i=1}^{n}(X_i-\mu)^2-n(\overline{X}-\mu)^2\}\\&=\sum_{i=1}^{n}\mathrm{E}(X_i-\mu)^2-n\mathrm{E}(\overline{X}-\mu)^2\\&=n\sigma^2-n\cdot\frac{\sigma^2}{n}\\&=(n-1)\sigma^2\end{aligned}$$
これより

$$\mathrm{E}(S^2) = \frac{n-1}{n}\sigma^2 \neq \sigma^2$$

となり，S^2 は σ^2 の不偏推定量とはならない．ここで

$$U^2 = \frac{n}{n-1} S^2$$

とおくと

$$\mathrm{E}(U^2) = \sigma^2$$

となり，U^2 は σ^2 の不偏推定量となる．この U^2 を特に**不偏分散**という．

$$U^2 = \frac{1}{n-1}\sum_{i=1}^{n}(X_i - \overline{X})^2$$

$$= \frac{1}{n-1}\left\{\sum_{i=1}^{n}X_i^2 - \frac{(\sum_{i=1}^{n}X_i)^2}{n}\right\}$$

＊一般に，標準偏差 s として，この不偏分散の正の平方根が用いられる．

$$s = \sqrt{\frac{1}{n-1}\sum_{i=1}^{n}(X_i - \overline{X})^2}$$

$$= \sqrt{\frac{1}{n-1}\left\{\sum_{i=1}^{n}X_i^2 - \frac{(\sum_{i=1}^{n}X_i)^2}{n}\right\}}$$

区間推定

点推定では，母集団から抽出した標本 $X_1, X_2, \cdots, X_n$ から求めた統計量 T_n は，調査結果の値 $x_1, x_2, \cdots, x_n$ が変わるとそのつど変動し，母数 θ に対してどれほどの誤差をもっているかわからない．そこで，これを補うために T_n を含む1つの区間を考え，その区間の中に θ が入る確率が $1-\alpha$ となるように推定する方法が区間推定である．

いま，大きさ n の標本 $X_1, X_2, \cdots, X_n$ から2つの適当な統計量 T_n', T_n'' をつくり，十分小さな $\alpha(>0)$ に対して

$$\mathrm{P}\{T_n'(X_1, X_2, \cdots, X_n) < \theta < T_n''(X_1, X_2, \cdots, X_n)\} = 1-\alpha$$

となるようにする．調査の結果から $t_1 = T_n'(x_1, x_2, \cdots, x_n)$, $t_2 = T_n''(x_1, x_2, \cdots, x_n)$ が得られたときに θ の区間を次のように推定する．

$$t_1 < \theta < t_2$$

ここで $1-\alpha$ を**信頼係数**といい，区間 (t_1, t_2) を信頼係数 $1-\alpha$ の θ の**信頼区間**，t_1, t_2 を**信頼限界**とよぶ．

ここでは，母集団に関する平均値，分散，比率および相関係数についての区間推定の方法を述べる．

4.2 母平均の推定

4.2.1 母集団分布が $N(\mu, \sigma^2)$ で母分散 σ^2 が既知の場合

正規母集団 $N(\mu, \sigma^2)$ からの大きさ n の標本 $X_1, X_2, \cdots, X_n$ からつくられる標本平均 $\overline{X}$ の分布は正規分布 $N(\mu, \sigma^2/n)$ に従う．そこで

$$Z = \frac{\overline{X} - \mu}{\sigma/\sqrt{n}}$$

とおくと，Z は正規分布 $N(0, 1^2)$ に従う．

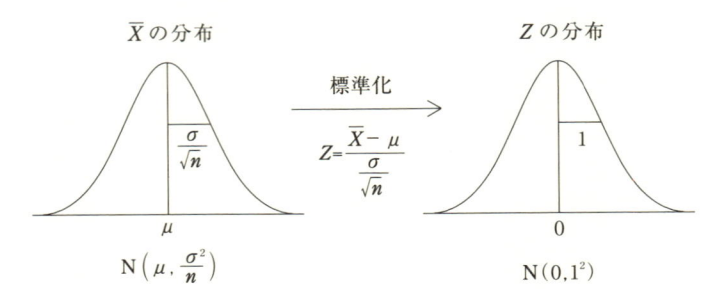

図4.1 $\overline{X}$ 分布の標準化

ここで信頼係数を $1-\alpha$ とするとき，正規分布表から

$$P(|Z| < \lambda) = 1 - \alpha$$

すなわち

$$P\left(\frac{|\overline{X} - \mu|}{\sigma/\sqrt{n}} < \lambda\right) = 1 - \alpha$$

を満たす λ の値を求める．これより

$$P\left(\overline{X} - \lambda \frac{\sigma}{\sqrt{n}} < \mu < \overline{X} + \lambda \frac{\sigma}{\sqrt{n}}\right) = 1 - \alpha$$

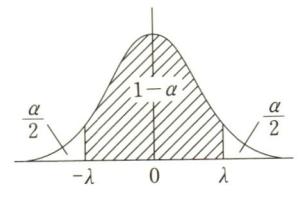

図4.2

信頼係数 $1-\alpha$ は，通常 95％ または 99％ をとる．このときの λ の値は正規

分布表からそれぞれ 1.96 または 2.58 となる．

たとえば，標本から求めた標本平均 $\overline{X}$ の実現値を $\bar{x}$ とすると，μ の信頼係数 95％ 信頼区間は

$$\therefore \quad \bar{x} - 1.96 \frac{\sigma}{\sqrt{n}} < \mu < \bar{x} + 1.96 \frac{\sigma}{\sqrt{n}}$$

となる．

◆例 4.3 ある高校では毎年 1 年入学時に数学の基礎学力テストを実施している．今年入学した 450 人の生徒に同一テストを行ったところ平均点 62.0 であった．これまでのテストでは分散は 15.0^2 点であった．テストの成績が正規分布に従っているとして信頼係数 95％ で母平均 μ を推定せよ．

解 生徒数 $n = 450$，標本平均 $\bar{x} = 62.0$，母分散 $\sigma^2 = 15.0^2$．
信頼係数 95％ のとき正規分布表から $\lambda = 1.96$．

$$62.0 - 1.96 \frac{15.0}{\sqrt{450}} < \mu < 62.0 + 1.96 \frac{15.0}{\sqrt{450}}$$

$$\therefore \quad 60.61 < \mu < 63.39$$

4.2.2 母集団分布が $N(\mu, \sigma^2)$ で母分散 σ^2 が未知の場合

ここでは母分散 σ^2 が未知であるので，その代わりに不偏分散 U^2 を用いる．すなわち，正規母集団 $N(\mu, \sigma^2)$ からの大きさ n の標本 $X_1, X_2, \cdots, X_n$ から標本平均 $\overline{X}$ と不偏分散 U^2 を求める．

$$\overline{X} = \frac{1}{n}(X_1 + X_2 + \cdots + X_n)$$

$$U^2 = \frac{1}{n-1} \sum_{i=1}^{n} (X_i - \overline{X})^2 \quad (U = \sqrt{U^2})$$

このとき統計量

$$T_{n-1} = \frac{\overline{X} - \mu}{U/\sqrt{n}}$$

をつくると，これは自由度 $n-1$ の t 分布に従う．

ここで，信頼係数を $1-\alpha$ として自由度 $n-1$ の t 分布表から

$$P(|T_{n-1}| < t_{n-1}(\alpha)) = 1 - \alpha$$

すなわち

$$P\left(\frac{|\overline{X}-\mu|}{U/\sqrt{n}}<t_{n-1}(\alpha)\right)=1-\alpha$$

を満足する $t_{n-1}(\alpha)$ の値を求める．
これより

$$P\left(\overline{X}-t_{n-1}(\alpha)\frac{U}{\sqrt{n}}<\mu<\overline{X}+t_{n-1}(\alpha)\frac{U}{\sqrt{n}}\right)=1-\alpha$$

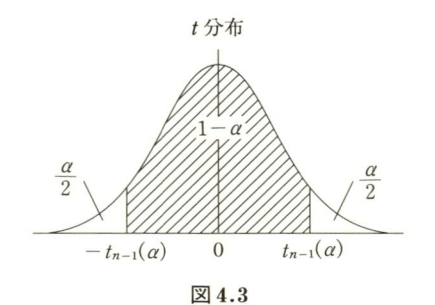

図 4.3

いま，標本から求めた標本平均 $\overline{X}$ および不偏分散 U^2 の実現値をそれぞれ $\bar{x}$ および u^2 とすると，信頼係数 $1-\alpha$ の母平均 μ の信頼区間は

$$\bar{x}-t_{n-1}(\alpha)\frac{u}{\sqrt{n}}<\mu<\bar{x}+t_{n-1}(\alpha)\frac{u}{\sqrt{n}}$$

（注） なお，不偏分散と標本分散との関係から

$$u^2=\frac{n}{n-1}s^2 \quad \therefore \quad u=\frac{\sqrt{n}}{\sqrt{n-1}}s$$

したがって，不偏分散の形にしないで標本標準偏差 s を求めて，$\sqrt{n-1}$ で補正して

$$\bar{x}-t_{n-1}(\alpha)\frac{s}{\sqrt{n-1}}<\mu<\bar{x}+t_{n-1}(\alpha)\frac{s}{\sqrt{n-1}}$$

として求められる．

◆例 4.4 近くのスーパーで買ってきた鶏卵 10 個について，その重量を測ったところ次の結果を得た．この鶏卵の母平均 μ を信頼係数 95％ で推定せよ．

　　　50.1, 54.7, 47.8, 52.1, 49.9, 50.4, 50.0, 52.5, 48.5, 48.2

解

$$\bar{x} = \frac{1}{10}(50.1+54.7+47.8+52.1+49.9+50.4+50.0+52.5+48.5+48.2)$$
$$= 50.42$$
$$s^2 = \frac{1}{10}(50.1^2+54.7^2+47.8^2+52.1^2+49.9^2+50.4^2+50.0^2+52.5^2+48.5^2$$
$$+48.2^2)-50.42^2$$
$$= 4.1496$$
$$s = 2.037$$

信頼係数 95％ のとき，自由度 $10-1=9$ の t 分布表より $t_9(0.05)=2.262$，したがって，μ の信頼区間は

$$50.42 - 2.262 \times \frac{2.037}{\sqrt{9}} < \mu < 50.42 + 2.262 \times \frac{2.037}{\sqrt{9}}$$

∴ $48.884 < \mu < 51.956$

4.3 母分散の推定

4.3.1 母集団分布が $N(\mu, \sigma^2)$ で μ が既知の場合

母集団 $N(\mu, \sigma^2)$ からの大きさ n の標本 $X_1, X_2, \cdots, X_n$ から分散

$$S_0^2 = \frac{1}{n}\sum_{i=1}^{n}(X_i-\mu)^2$$

を求め，統計量

$$\chi_0^2 = \frac{nS_0^2}{\sigma^2}$$

をつくると，これが自由度 n の χ^2 分布に従うことを用いる．

いま，信頼係数 $1-\alpha$ が与えられたとき，自由度 n の χ^2 分布表から

$$P(\chi_n^2 \geq k_1) = 1 - \frac{\alpha}{2}$$

$$P(\chi_n^2 \geq k_2) = \frac{\alpha}{2}$$

を満足する k_1，k_2 の値を求めると

$$k_1 = \chi_n^2\left(1-\frac{\alpha}{2}\right)$$

$$k_2 = \chi_n^2\left(\frac{\alpha}{2}\right)$$

を得る．このとき

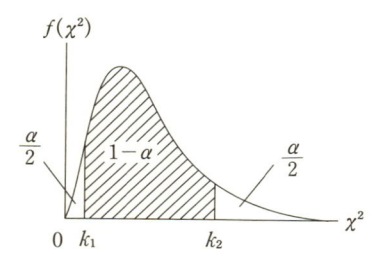

図 4.4

$$P(k_1 < \chi_0^2 < k_2) = 1 - \alpha$$

より

$$P\left(k_1 < \frac{nS_0^2}{\sigma^2} < k_2\right) = 1 - \alpha$$

$$\therefore \quad P\left(\frac{nS_0^2}{k_2} < \sigma^2 < \frac{nS_0^2}{k_1}\right) = 1 - \alpha$$

したがって，標本から求めた分散 S_0^2 の実現値 s_0^2 に対する母分散 σ^2 の信頼係数 $1-\alpha$ の信頼区間は

$$\frac{nS_0^2}{k_2} < \sigma^2 < \frac{nS_0^2}{k_1}$$

となる．

◆例 4.5　ある地方で収穫した小麦のタンパク質含有率（％）を検査して次の値を得た．これまでの検査結果では平均は 12.7 であったという．信頼係数 90％ で母分散 σ^2 の信頼区間を求めよ．
　　13.1,　13.4,　12.8,　13.5,　13.3,　12.7,　12.4,　11.9,　12.6,　13.6

解　$n = 10$, $\mu = 12.7$.

$$\begin{aligned}
s_0^2 &= \frac{1}{10}\{(13.1-12.7)^2 + (13.4-12.7)^2 + (12.8-12.7)^2 + (13.5-12.7)^2 \\
&\quad + (13.3-12.7)^2 + (12.7-12.7)^2 + (12.4-12.7)^2 + (11.9-12.7)^2 \\
&\quad + (12.6-12.7)^2 + (13.6-12.7)^2\} \\
&= 0.32
\end{aligned}$$

信頼係数 90％ とするとき，自由度 10 の χ^2 分布表から

$$P(\chi_{10}^2 \geq k_1) = 1 - \alpha/2 = 0.95, \quad P(\chi_{10}^2 \geq k_2) = \alpha/2 = 0.05$$

を満足する k_1, k_2 はそれぞれ

$$k_1 = 3.940, \quad k_2 = 18.31$$

したがって σ^2 の信頼区間は

$$\frac{10 \times 0.32}{18.31} < \sigma^2 < \frac{10 \times 0.32}{3.940}$$

$$\therefore \quad 0.175 < \sigma^2 < 0.812$$

4.3.2 母集団分布が $N(\mu, \sigma^2)$ で μ が未知の場合

母平均 μ が未知なので標本平均 $\overline{X}$ を用いて，標本分散

$$S^2 = \frac{1}{n}\sum_{i=1}^{n}(X_i - \overline{X})^2$$

を求める．このときの統計量

$$\chi^2 = \frac{nS^2}{\sigma^2}$$

は自由度 $n-1$ の χ^2 分布に従うので，これを用いて「母平均 μ が既知」の場合と同様にして σ^2 の区間推定を行うことができる．

すなわち，信頼係数 $1-\alpha$ が与えられたとき

$$P(\chi_{n-1}^2 \geq k_1') = 1 - \frac{\alpha}{2}$$

$$P(\chi_{n-1}^2 \geq k_2') = \frac{\alpha}{2}$$

を満足する k_1', k_2' の値を自由度 $n-1$ の χ^2 分布表から求めると

$$k_1' = \chi_{n-1}^2\left(1 - \frac{\alpha}{2}\right)$$

$$k_2' = \chi_{n-1}^2\left(\frac{\alpha}{2}\right)$$

$$\therefore \quad P\left(\frac{nS^2}{k_2'} < \sigma^2 < \frac{nS^2}{k_1'}\right) = 1 - \alpha$$

となる．したがって，標本から求めた S^2 の実現値 s^2 に対する母分散 σ^2 の信頼係数 $1-\alpha$ の信頼区間は

$$\frac{ns^2}{k_2'} < \sigma^2 < \frac{ns^2}{k_1'}$$

となる．

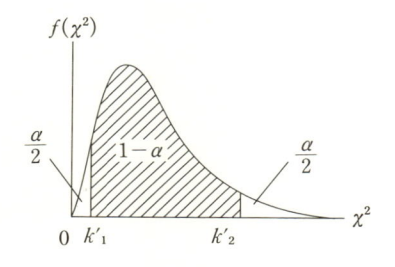

図 4.5

◆例 4.6　銘柄 A のタバコのニコチン含有量を測って次の結果を得た．ニコチンの含有量は正規分布に従うものとして，信頼係数 95％で母分散 σ^2 の信頼区間を求めよ．

21, 24, 23, 18, 21, 24, 25, 20, 28, 23

解　$n=10$．

$$\bar{x}=\frac{1}{10}(21+24+23+18+21+24+25+20+28+23)=22.7$$

$$s^2=\frac{1}{10}(21^2+24^2+23^2+18^2+21^2+24^2+25^2+20^2+28^2+23^2)-22.7^2=7.21$$

信頼係数 95％ とすると，自由度 9 の χ^2 分布表から

$$P(\chi_9^2 \geq k_1)=1-\alpha/2=0.975, \quad P(\chi_9^2 \geq k_2)=\alpha/2=0.025$$

を満足する k_1, k_2 はそれぞれ

$$k_1=2.700, \quad k_2=19.02$$

したがって，σ^2 の信頼区間は

$$\frac{10\times 7.21}{19.02}<\sigma^2<\frac{10\times 7.21}{2.700}$$

$$3.791<\sigma^2<26.70$$

4.4　母比率の推定

4.4.1　大標本の場合

母集団比率が p の母集団から大きさ n の標本を抽出したとき，その中にある特性 A をもつものが X 個あれば，X は 2 項分布 $B(n, p)$ に従い，さらに n が十分大きいとき正規分布 $N(np, np(1-p))$ とみなせるので，標本比率 X/n の分布も n が十分大きいとき，近似的に正規分布 $N(p, p(1-p)/n)$ に従うことは 3.2.1 節で述べたとおりである．このことから

$$Z=\frac{\frac{X}{n}-p}{\sqrt{\frac{p(1-p)}{n}}}$$

とおくと，これは正規分布 $N(0, 1^2)$ に従うので，信頼係数 $1-\alpha$ のとき正規分布表から

$$P(|Z|<\lambda)=1-\alpha$$

となる λ の値を求め次の式を得る.

$$P\left(\left|\frac{X}{n}-p\right|<\lambda\sqrt{\frac{p(1-p)}{n}}\right)=1-\alpha$$

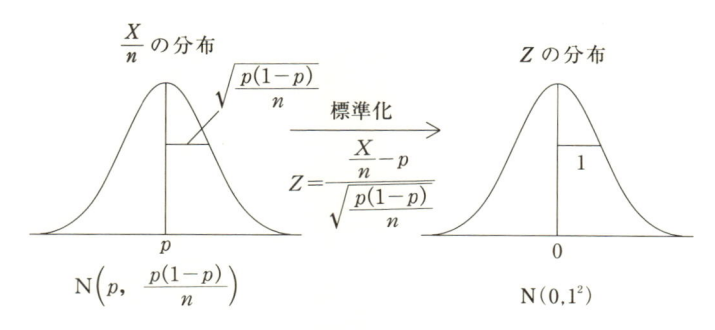

図 4.6 X/n 分布の標準化

いま，X/n の標本からの実現値を $P^*=k/n$（k は回数）とおくと，これに対する母比率 p の推定区間は

$$|P^*-p|<\lambda\sqrt{\frac{p(1-p)}{n}}$$

これを p について解いて，n が十分大きいときに近似的に

$$P^*-\lambda\sqrt{\frac{P^*(1-P^*)}{n}}<p<P^*+\lambda\sqrt{\frac{P^*(1-P^*)}{n}}$$

となることを用いる.

◆**例 4.7** 3600 人の男子学生の中から 400 人を無作為に抽出して，喫煙をしている学生を調べたところ 240 人であった．信頼係数 95％ で男子学生全体の喫煙率 p を推定せよ．

解 標本比率 $P^*=240/400=0.6$，信頼係数 95％ のとき正規分布表より $\lambda=1.96$．ゆえに

$$0.6-1.96\sqrt{\frac{0.6(1-0.6)}{400}}<p<0.6+1.96\sqrt{\frac{0.6(1-0.6)}{400}}$$

$$\therefore \quad 0.552<p<0.648$$

（**注**） n が十分大きいとき，信頼係数 95％ では $\lambda=2$ を用いてもよい．

4.4.2 小標本の場合

n が大きくないとき ($n \leq 20$) は，2項分布は正規分布に近いとはいいきれないので，分布の両端の確率 $P(X \leq a)$，$P(b \leq X)$ などに正規分布を使うことができない．このときは F 分布を用いる．

いま，信頼係数 $1-\alpha$ が与えられた場合，大きさ n の標本の中である特性 A が k 個あるとき，すなわち X/n の実現値が k/n のとき，母比率 p の信頼区間の下限値 p_l，上限値 p_u はそれぞれ次のようにして求められる．

有意水準 $\alpha/2$ の F 分布表から2つの自由度

（ⅰ） $\begin{cases} m_1 = 2(n-k+1) \\ n_1 = 2k \end{cases}$

に相当する欄の値を F_1 として ($F_1 = F_{n_1}{}^{m_1}(\alpha/2)$)

$$p_l = \frac{n_1}{m_1 F_1 + n_1}$$

同じく自由度

（ⅱ） $\begin{cases} m_2 = 2(k+1) \\ n_2 = 2(n-k) \end{cases}$

に相当する欄の値を F_2 として ($F_2 = F_{n_2}{}^{m_2}(\alpha/2)$)

$$p_u = \frac{m_2 F_2}{m_2 F_2 + n_2}$$

とする値を求める．このとき母比率 p の信頼区間は

$$p_l < p < p_u$$

となる．

◆例 4.8 ある中学生の女子生徒 22 人に対して毎朝食事をとっているかどうかを調べたところ，食べてこない生徒が 3 人いた．食事をとっていない生徒の比率を信頼係数 95％ で推定せよ．

解 $n=22$，$k=3$，信頼係数 95％

（ⅰ）下限値 p_l を求める．

$$m_1 = 2(22-3+1) = 40$$
$$n_1 = 2 \times 3 = 6$$
$$F_1 = F_6{}^{40}(0.025) = 5.01$$

$$\therefore \quad p_l = \frac{6}{40 \times 5.01 + 6} = 0.029$$

（ⅱ）上限値 p_u を求める．

$$m_2 = 2(3+1) = 8$$
$$n_2 = 2(22-3) = 38$$
$$F_2 = F_{38}{}^8(0.025) = 2.532 \text{（逆数補間による）}$$
$$\therefore \quad p_u = \frac{8 \times 2.532}{8 \times 2.532 + 38} = 0.348$$

これより

$$0.029 < p < 0.348$$

4.5　母相関係数の推定

母集団分布が 2 次元の正規分布に従っているとき，そこから抽出した大きさ n の無作為標本 $(X_1, Y_1), (X_2, Y_2), \cdots, (X_n, Y_n)$ からつくられる標本相関係数 R から母相関係数 ρ を推定する．

$$Z = \frac{1}{2} \log \frac{1+R}{1-R} \qquad s = \frac{1}{2} \log \frac{1+\rho}{1-\rho}$$

とおくと，Z は近似的に正規分布 $N(s+\rho/2(n-1), 1/(n-3))$ に従う．ここで，n が十分大きいときは $\rho/2(n-1)$ を無視できるので，Z は正規分布 $N(s, 1/(n-3))$ に従うとみなせるから

$$X = \frac{Z - (s + \rho/2(n-1))}{1/\sqrt{n-3}} \approx \frac{Z - s}{1/\sqrt{n-3}}$$

とおくと，X は正規分布 $N(0, 1^2)$ に従うと考える．

信頼係数を $1-\alpha$ より，正規分布表から

$$P(|X| < \lambda) = 1 - \alpha$$

となる λ を求めると

$$P\left(Z - \frac{\lambda}{\sqrt{n-3}} < s < Z + \frac{\lambda}{\sqrt{n-3}}\right) = 1 - \alpha$$

を得る．ここで R の実現値 r から

$$z = \frac{1}{2} \log \frac{1+r}{1-r}$$

の値を z 変換表より求め

$$s_l = z - \frac{\lambda}{\sqrt{n-3}}$$

$$s_u = z + \frac{\lambda}{\sqrt{n-3}}$$

とおき，再び z 変換表から ρ の下限値 ρ_l と上限値 ρ_u を

$$s_l = \frac{1}{2} \log \frac{1+\rho_l}{1-\rho_l}$$

$$s_u = \frac{1}{2} \log \frac{1+\rho_u}{1-\rho_u}$$

として求める．これより信頼係数 $1-\alpha$ の ρ の信頼区間は

$$\rho_l < \rho < \rho_u$$

となる．

◆例 4.9　ある入学試験で任意抽出した 120 人について英語と数学の成績の間の相関係数が 0.31 であった．全体の母相関係数 ρ を信頼係数 95％ で推定せよ．

解　z 変換表より，$r=0.31$ のとき $z=0.321$．

信頼係数 95％ のとき正規分布表から $\lambda=1.96$．これより

$$s_l = 0.321 - \frac{1.96}{\sqrt{120-3}} = 0.321 - 0.181 = 0.140$$

$$s_u = 0.321 + \frac{1.96}{\sqrt{120-3}} = 0.321 + 0.181 = 0.502$$

再び z 変換表を用いて，ρ の下限値 ρ_l と上限値 ρ_u を求める．

$$0.140 = \frac{1}{2} \log \frac{1+\rho_l}{1-\rho_l} \quad \therefore \quad \rho_l = 0.1391$$

$$0.502 = \frac{1}{2} \log \frac{1+\rho_u}{1-\rho_u} \quad \therefore \quad \rho_u = 0.4636$$

したがって

$$0.1391 < \rho < 0.4636$$

を得る．

4章・演習問題

4.1 正規母集団 $N(\mu, \sigma^2)$ から5個の標本を無作為に抽出して次の値を得た．
　　　4.5, 3.8, 4.0, 4.4, 5.0
（1）　$\sigma^2 = 0.2$ の場合
（2）　$\sigma^2 =$ 未知の場合
について，母平均 μ を信頼係数95％で推定せよ．

4.2 次のデータはあるコンビニで販売されている A 社の幕の内弁当10個を購入し，そのタンパク質を測定した値である．（単位 g）
　　　32.5, 33.1, 32.5, 29.9, 32.8, 33.0, 31.4, 31.8, 33.5, 30.7
（1）　母平均 μ を信頼係数99％で推定せよ．
（2）　また，母分散 σ^2 の99％信頼区間を求めよ．

4.3 S市のある病院で生まれた男子新生児310人のうち，体重が2500g未満の未熟児は16人であった．男子新生児一般の未熟児の出現率を信頼係数95％で推定せよ．

4.4 ある食品の中から20個を無作為に抽出して，その重量を測定したところ2個が規格外れであった．この食品の不良率を信頼係数95％で推定せよ．

4.5 ある学科の卒業生100人を任意に抽出して，入学試験の成績と卒業時の成績との相関係数を求めたところ0.38であった．この学科の卒業生全体の相関係数を信頼係数95％で推定せよ．

第5章 検 定

5.1 検定の考え方

いま，不良率が10％という品物が1000個納品されたとする．このとき，この品物の不良率がはたして10％とみなせるかどうかということを100個の標本を抽出して判定することにしよう．すなわち，任意に1個の品物を抽出したときにそれが不良品であるという確率をpとし，pが10％である（これを**仮説**といい，Hで表す）かどうかということを調べるのである．いま，100個の標本を抽出して不良品を調べたところ3個あったとしよう．100の中に高々3個の不良品しかないという確率Pは，2項分布

$$P = (1-p)^{100} + 100p(1-p)^{99} + {}_{100}C_2 p^2(1-p)^{98} + {}_{100}C_3 p^3(1-p)^{97}$$

において$p=0.1$を代入して

$$P = 0.000026 + 0.000295 + 0.001623 + 0.005892 \fallingdotseq 0.0078$$

という値が得られる．この計算結果からは，1回の試行で0.0078というきわめて小さい値の確率をもつ事象が起こったことになる．これは不良率10％という仮説Hを正しいと仮定したことからこのような結論に到達したのであって，実は，仮説Hが間違っていた，すなわち，不良率が10％ではなかったと判断することにする．しかし仮説が正しいにもかかわらず（すなわち，不良率が10％にもかかわらず）100個の標本のうち3個しか不良品がない場合もありうる．そのようなことの起こる確率はきわめて小さくて0.0078にすぎないのである．逆に，仮説が正しくないと判断された場合には0.0078の確率で誤りを犯している危険もあるわけである．

仮説検定ではまれにしか起こらないかどうかという確率的考えを基礎にしているので，仮説が誤りと判断して捨てる（棄却する）ことはできても，積極的

に採用するという表現はとらない．採用するというより捨てられることを目標として設定された仮説であるので，これを**帰無仮説** H_0 とよぶ．これに対して仮説が誤りと判断されて捨てられたとき，これに代わって採用する仮説を**対立仮説**といい，H_1 で表す．

一般にある仮説 H を検定する場合には，母集団からの大きさ n の標本より統計量 $T_n(X_1, X_2, \cdots, X_n)$ をつくり，その標本分布を求める．ここであらかじめ定めておいた十分小さい正数 α に対して一定の領域 W を
$$P(T_n \in W) = \alpha$$
となるように定めておき，標本から求めた実現値 t_0 がこの領域 W の中に入ったときには仮説を棄却し，領域 W の中に入っていないときには仮説を棄却しないという方法をとる．この領域 W を**棄却域**，α を**有意水準**（あるいは**危険率**）という．通常 α は 0.01 とか 0.05 という値が使われている．

棄却域は，仮説と統計量 T_n のつくり方によって次の2つがある．

棄却域 W を T_n の分布の両側にとる場合（両側検定）
$$W = (T_n \leq t_1,\ t_2 \leq T_n)$$
棄却域 W を T_n の分布の片側にとる場合（片側検定）
$$W = (T_n \leq t_1) \quad \text{または} \quad W = (t_2 \leq T_n)$$

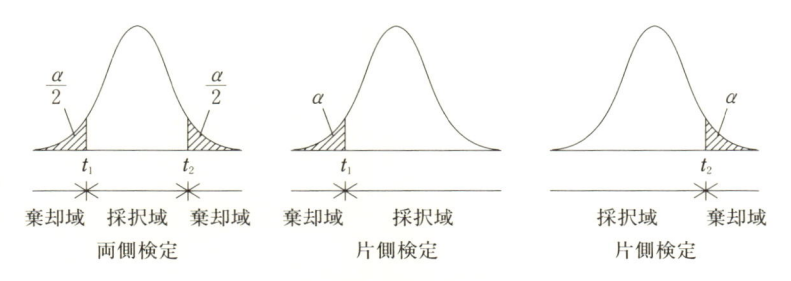

図 5.1 両側検定と片側検定

検定を行うとき注意しなければならないことは，仮説を棄却したとしても仮説が絶対に正しくないという意味ではなく，逆に仮説が棄却されなかったといってその仮説が必ずしも正しいというわけでもないことである．正しい仮説を棄却したり，正しくない仮説を棄却しないで採択するといった誤りを犯す危険はつねに存在する．誤りのうち

正しい仮説を正しくないとして棄却する誤りを，**第1種の誤り**

正しくない仮説を正しいとして採択する誤りを，**第2種の誤り**

という．この2種類の誤りは一方を小さくすれば他方が大きくなる．一般には，第1種の誤りの確率がまれにしか起こらない一定の値に定め，その上で第2種の誤りの確率を最小にする方法がとられる．

5.2 母平均の検定

5.2.1 母分散 σ^2 が既知である場合

正規母集団 $N(\mu, \sigma^2)$ からの大きさ n の標本 $X_1, X_2, \cdots, X_n$ からつくられる標本平均 $\overline{X}$ は正規分布 $N(\mu, \sigma^2/n)$ に従う．このとき統計量 $Z=\sqrt{n}(\overline{X}-\mu)/\sigma$ が正規分布 $N(0, 1^2)$ に従うことを利用する．

母数 μ に関する仮説

$$H_0 : \mu = \mu_0 \quad [\text{対立仮説}\ H_1 : \mu \neq \mu_0]$$

を検定するために，統計量として

$$Z = \frac{\overline{X}-\mu_0}{\sigma/\sqrt{n}}$$

をつくると，Z は $N(0, 1^2)$ に従う．

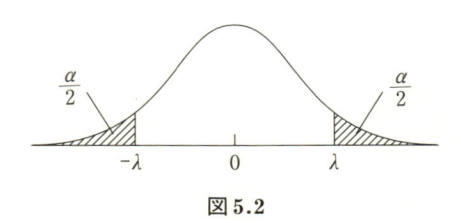

図5.2

これより，有意水準 α に対して正規分布表から

$$P(|Z| \geq \lambda) = \alpha$$

を満足する λ が求められる．

このとき，標本から求めた Z の実現値

$$z_0 = \frac{\overline{x}-\mu_0}{\sigma/\sqrt{n}}$$

に対して

$$|z_0| \geq \lambda \quad \text{のとき} \quad H_0 \text{を棄却する}$$

$|z_0|<\lambda$ のとき H_0 を採択する

とすればよい．

(注) ここで，有意水準 α の棄却域 W を
$$W=(-\infty,\ -\lambda)\cup(\lambda,\ \infty)$$
として，Z の実現値 z_0 が

$z_0\in W$ ならば 仮説 H_0 は棄却する

$z_0\notin W$ ならば 仮説 H_0 は採択する

としてもよい．

◆例 5.1 ある県の中学校 3 年生の男子生徒の身長の平均は 163.4 cm，標準偏差は 6.99 cm であった．いま，県内の A 中学校 3 年生男子生徒 108 人について測定したところ，平均値は 164.2 cm であった．この中学校 3 年男子生徒の身長の平均は，県全体と異なるといえるか．有意水準 5% で検定せよ．

解 県全体の身長の平均と変わりはないという仮説
$$H_0: \mu=163.4\,\text{cm} \quad [\text{対立仮説 } H_1: \mu\neq 163.4\,\text{cm}]$$
をたてる．

次に，有意水準 $\alpha=0.05$ とするとき，正規分布表より
$$P(|Z|\geqq\lambda)=0.05$$
となる λ を求めると $\lambda=1.96$．

標本から Z の実現値 z_0 は
$$z_0=\frac{(164.2-163.4)}{6.99/\sqrt{108}}=1.189$$

これより
$$|z_0|=1.189<1.96$$

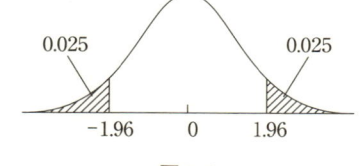

図 5.3

となり仮説は棄却されない．

すなわち，県全体の身長の平均と変わりはないものと判断される．

5.2.2 母分散 σ^2 が未知である場合

ここでは母分散 σ^2 が未知なので，この代わりに標本 $X_1,\ X_2,\ \cdots,\ X_n$ から不偏分散 U^2（または標本分散 S^2）を求め，統計量 T を計算する．

母数 μ に関する仮説

$H_0 : \mu = \mu_0$　　[対立仮説 $H_1 : \mu \neq \mu_0$]

に対して，検定統計量

$$T = \frac{\overline{X} - \mu_0}{U/\sqrt{n}} \left(= \frac{\overline{X} - \mu_0}{S/\sqrt{n-1}} \right)$$

が自由度 $n-1$ の t 分布に従うので，有意水準を α とするとき

$$P(|T| \geq t_{n-1}(\alpha)) = \alpha$$

を満足する $t_{n-1}(\alpha)$ が求められる．

このとき標本から求めた T の実現値

$$t_0 = \frac{\overline{x} - \mu_0}{u/\sqrt{n}} \left(= \frac{\overline{x} - \mu_0}{s/\sqrt{n-1}} \right)$$

に対して，

　　$|t_0| \geq t_{n-1}(\alpha)$　　のとき　　H_0 を棄却する

　　$|t_0| < t_{n-1}(\alpha)$　　のとき　　H_0 を採択する

とする．

◆例5.2　S工場でつくられる製品の太さの寸法平均は 0.100 mm であるという．ある日の製品からとった 30 本について太さの寸法を測ったところ，平均は 0.1032 mm，標準偏差は 0.0024 mm であった．この日の製品の太さの寸法に変化があったとみられるか．有意水準 5% で検定せよ．

解　製品の太さの寸法に変わりはないという仮説

　　$H_0 : \mu = 0.100$ mm　　[対立仮説 $H_1 : \mu \neq 0.100$ mm]

をたてる．$n = 30$ で自由度 29 の t 分布の表から，有意水準 $\alpha = 0.05$ のとき

　　$t_{29}(0.05) = 2.045$

ここで，$\mu = 0.100$, $\overline{x} = 0.1032$, $s = 0.0024$ より T の実現値は

$$t_0 = \frac{0.1032 - 0.100}{0.0024/\sqrt{30-1}} = 7.180$$

　　∴　$|t_0| = 7.180 > 2.045$

となり仮説は棄却される．製品の太さの寸法に変わりがあるとみなされる．

5.3 母平均の差の検定

5.3.1 母分散 σ_1^2, σ_2^2 が既知である場合

2つの資料の母平均の間に有意な差があるかどうかを調べる問題は実用上重要である．母分散 σ_1^2, σ_2^2 がすでにわかっている2つの正規母集団 $N(\mu_1, \sigma_1^2)$, $N(\mu_2, \sigma_2^2)$ から抽出した，それぞれの大きさ n_1, n_2 の標本からつくられる標本平均を $\overline{X_1}$, $\overline{X_2}$ とすると，$\overline{X_1} \sim N(\mu_1, \sigma_1^2/n_1)$，$\overline{X_2} \sim N(\mu_2, \sigma_2^2/n_2)$ となる．この2つの標本平均の差 $\overline{X_1} - \overline{X_2}$ の分布は

$$\overline{X_1} - \overline{X_2} \sim N\left(\mu_1 - \mu_2,\ \frac{\sigma_1^2}{n_1} + \frac{\sigma_2^2}{n_2}\right)$$

であるから，仮説

$$H_0 : \mu_1 = \mu_2 \quad [\text{対立仮説}\ H_1 : \mu_1 \neq \mu_2]$$

のもとで，検定統計量

$$Z = \frac{\overline{X_1} - \overline{X_2}}{\sqrt{\dfrac{\sigma_1^2}{n_1} + \dfrac{\sigma_2^2}{n_2}}}$$

が正規分布 $N(0, 1^2)$ に従うことを利用する．

これより，有意水準 α に対して正規分布表から

$$P(|Z| \geq \lambda) = \alpha$$

を満足する λ が求められる．このとき Z の実現値

$$z_0 = \frac{\bar{x}_1 - \bar{x}_2}{\sqrt{\dfrac{\sigma_1^2}{n_1} + \dfrac{\sigma_2^2}{n_2}}}$$

に対して

$|z_0| \geq \lambda$ ならば H_0 を棄却する

$|z_0| < \lambda$ ならば H_0 を採択する

とすればよい．

◆例 5.3 2つの機械 A，B でジャム 350 g 入りの缶詰をつくっており，それぞれの分散は $15.72\,\text{g}^2$，$16.03\,\text{g}^2$ の正規分布に従って分布していることがわかっている．いま A から 100 個，B から 150 個について重さを測ったところ，それぞれの平均は A が 371.1 g，B が 369.8 g であった．機械 A，B によって重量に差があるといえるか．有意水準 1% で検定せよ．

[解] A，Bでつくられるジャムの重量には差がないという仮説

$$H_0 : \mu_A = \mu_B \quad [対立仮説\ H_1 : \mu_A \neq \mu_B]$$

をたてる．

次に，有意水準 $\alpha = 0.01$ として，正規分布の表から $\lambda = 2.58$．

標本から Z の実現値 z_0 を求めると

$$z_0 = \frac{371.1 - 369.8}{\sqrt{\dfrac{15.72}{100} + \dfrac{16.03}{150}}} = 2.53$$

$$\therefore \quad |z_0| = 2.53 < 2.58$$

となり仮説は棄てられない．すなわち，機械 A，B によって重量に差がないとみられる．

5.3.2 母分散 σ_1^2，σ_2^2 が未知であるが等しい場合

母分散が未知であるが，等しいことがわかっている2つの正規母集団 $N(\mu_1, \sigma^2)$，$N(\mu_2, \sigma^2)$ から抽出した，それぞれの大きさ n_1，n_2 の標本から標本平均 $\overline{X_1}$，$\overline{X_2}$ および不偏分散 U_1^2，U_2^2（または標本分散 S_1^2，S_2^2）を求める．このとき，仮説

$$H_0 : \mu_1 = \mu_2 \quad [対立仮説\ H_1 : \mu_1 \neq \mu_2]$$

のもとで検定統計量

$$T = \frac{\overline{X_1} - \overline{X_2}}{U\sqrt{1/n_1 + 1/n_2}}$$

が自由度 $n_1 + n_2 - 2$ の t 分布に従うことを利用する．

ここで $U = \sqrt{\dfrac{(n_1 - 1)U_1^2 + (n_2 - 1)U_2^2}{n_1 + n_2 - 2}} \left(= \sqrt{\dfrac{n_1 S_1^2 + n_2 S_2^2}{n_1 + n_2 - 2}} \right)$ である．

いま，有意水準 α に対して自由度 $n_1 + n_2 - 2$ の t 分布表から

$$P(|T| \geq t_{n_1 + n_2 - 2}(\alpha)) = \alpha$$

となる $t_{n_1 + n_2 - 2}(\alpha)$ を求める．このとき T の実現値

$$t_0 = \frac{\overline{x}_1 - \overline{x}_2}{u\sqrt{1/n_1 + 1/n_2}}$$

に対して

$|t_0| \geq t_{n_1 + n_2 - 2}(\alpha)$　のとき　H_0 を棄却する

$|t_0| < t_{n_1 + n_2 - 2}(\alpha)$　のとき　H_0 を採択する

とする．

この検定を利用するときは，まず2組の標本が等しい分散をもつことをあら

かじめ 5.4 節の「分散比の検定」を行って「$\sigma_1^2 = \sigma_2^2$」であることを確かめておく必要がある．

◆例 5.4 ある市の住民検診で任意に選んだ男性 11 人，女性 10 人の最低血圧値は次のとおりであった．男女間に差があるといえるか．有意水準 5% で検定せよ．（単位：mmHg）

  男子 平均値 $\bar{x}_A = 82.91$ 分散 $s_A^2 = 86.32$
  女子 平均値 $\bar{x}_B = 81.04$ 分散 $s_B^2 = 101.77$

解 男女の最低血圧値に差がないという仮説をたてる．
$$H_0: \mu_A = \mu_B \quad [\text{対立仮説 } H_1: \mu_A \neq \mu_B]$$
$n_A = 11$, $n_B = 10$, $s_A^2 = 86.32$, $s_B^2 = 101.77$ より A，B に共通な不偏分散 u^2 を求めると
$$u^2 = (11 \times 86.32 + 10 \times 101.77)/(11 + 10 - 2) = 103.5379$$
$\therefore \quad u = 10.18$

このときの検定統計量の実現値は
$$t_0 = \frac{82.91 - 81.04}{10.18\sqrt{1/11 + 1/10}} = 0.420$$

いま有意水準 $\alpha = 0.05$ のとき，自由度 $11 + 10 - 2 = 19$ の t 分布表より
$$t_{19}(0.05) = 2.093$$
$\therefore \quad |t_0| = 0.420 < 2.093$

となり仮説は採択される．

したがって，男女の最低血圧値に差がないといえる．

5.3.3 2 つの標本に対応のある場合

正規母集団 $N(\mu, \sigma^2)$ からの大きさ n の標本の各個に，X と Y の 2 通りの測定を行うものとする．このとき対応する一対 (X_i, Y_i) の各測定値の差が問題となる．そこで標本の各個の差 $d_i = X_i - Y_i$ を求め，これより差の平均値 $\bar{d}$，

表 5.1

標本	1	2	…	n	計
測定値 X	x_1	x_2	…	x_n	
測定値 Y	y_1	y_2	…	y_n	
差 $d = X - Y$	d_1	d_2	…	d_n	$\sum d_i$

不偏分散 U^2 を求める．

このとき「差の平均値 μ_d は 0 である」という仮説，すなわち

$$H_0 : \mu_d = 0 \quad [対立仮説\ H_1 : \mu_d \neq 0]$$

を立てる．このとき統計量

$$T = \frac{\bar{d}}{U/\sqrt{n}}$$

が自由度 $n-1$ の t 分布に従うことを利用する．

これより，有意水準を α とするとき t 分布表から

$$P(|T| \geq t_{n-1}(\alpha)) = \alpha$$

となる $t_{n-1}(\alpha)$ を求める．

ここで，T の実現値

$$t_0 = \frac{\bar{d}}{u/\sqrt{n}}$$

に対して，

$|t_0| \geq t_{n-1}(\alpha)$ のとき H_0 を棄却する

$|t_0| < t_{n-1}(\alpha)$ のとき H_0 を採択する

とする．

◆例 5.5 ある試験所で A，B 2 人の分析結果に差があるのかどうかを調べるために，10 組の試料を 2 人に分析してもらい，表 5.2 の結果を得た．分析結果に差があるかどうか，有意水準 5% で検定せよ．

表 5.2

試 料	1	2	3	4	5	6	7	8	9	10
分析者 A	47	51	53	54	48	49	47	50	53	51
分析者 B	48	52	51	53	46	47	45	53	57	53

解 2 人の分析結果に差がないという仮説

$$H_0 : \mu_d = 0 \quad [H_1 : \mu_d \neq 0]$$

をたてる．

表 5.3 をつくり対応するデータに差 d_i を求める．

表 5.3

試　料	1	2	3	4	5	6	7	8	9	10	計
分析者 A	47	51	53	54	48	49	47	50	53	51	—
分析者 B	48	52	51	53	46	47	45	53	57	53	—
差 d_i	−1	−1	2	1	2	2	2	−3	−4	−2	−2

差 d_i の平均 $\bar{d}$ と不偏分散 u_d^2 を求める．

$$\bar{d} = -2/10 = -0.2$$

$$u_d^2 = \frac{1}{9}\left\{(-1)^2+(-1)^2+2^2+1^2+2^2+2^2+2^2+(-3)^2+(-4)^2+(-2)^2 - \frac{(-2)^2}{10}\right\}$$

$$= 5.29$$

∴ $u_d = 2.30$

T の実現値 t_0 を求めると

$$t_0 = \frac{-0.2}{2.30/\sqrt{10}} = -0.274$$

有意水準 $\alpha=0.05$ のとき，自由度 9 の t 分布表より $t_9(0.05)=2.262$
これより，

∴ $|t_0|=0.274<2.262$

となり仮説は採択される．
すなわち，2 人の分析結果に差がないとみなされる．

5.4 分散比の検定

2 つの無作為標本 $(X_1, X_2, \cdots, X_m)$, $(Y_1, Y_2, \cdots, Y_n)$ がそれぞれ正規母集団 $N(\mu_1, \sigma_1^2)$, $N(\mu_2, \sigma_2^2)$ から抽出されたものとし，しかもそれぞれが互いに独立とする．このとき統計量

$$S_1^2 = \frac{1}{m}\sum_{i=1}^{m}(X_i - \overline{X})^2$$

$$S_2^2 = \frac{1}{n}\sum_{i=1}^{n}(Y_i - \overline{Y})^2$$

に対して，仮説

$$H_0: \sigma_1^2 = \sigma_2^2 \quad [H_1: \sigma_1^2 \neq \sigma_2^2]$$

のもとで，$U_1^2 = \frac{m}{m-1}S_1^2$, $U_2^2 = \frac{n}{n-1}S_2^2$ とおくと，統計量

$$F = \frac{U_1^2}{U_2^2} \quad (\text{一般には } F>1 \text{ となるようにする})$$

が自由度 $(m-1, n-1)$ の F 分布に従うことを利用する．

いま，有意水準 α に対応する $F_{n-1}^{m-1}(\alpha/2)$ の値を

$$P(F \geq F_{n-1}^{m-1}(\alpha/2)) = \frac{\alpha}{2}$$

となるように定める．このとき F の実現値 F_0 が

$$F_0 \geq F_{n-1}^{m-1}(\alpha/2)$$

ならば，仮説 H_0 を棄却する．

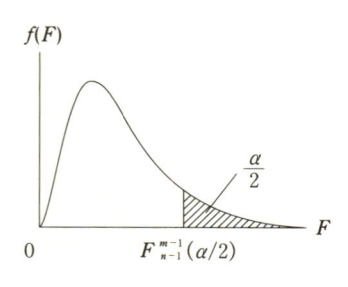

図 5.4

（注） この場合に注意することは，$U_1^2 = \dfrac{m}{m-1} S_1^2$ と $U_2^2 = \dfrac{n}{n-1} S_2^2$ のうち大きいほうを分子にもってくること．すなわち，つねに $F_0 > 1$ となるようにすることである．

◆例 5.6　A，B 2 つの銘柄のタバコについて，それぞれ 10 本ずつ抽出しニコチン含有量を分析したところ，分散がそれぞれ $0.000138\,(\text{mg})^2$，$0.000149\,(\text{mg})^2$ であった．ニコチン含有量のばらつきに差があるか．有意水準 5% で検定せよ．

解　A，B のばらつきに差はないという仮説

$$H_0: \sigma_A^2 = \sigma_B^2 \quad [H_1: \sigma_A^2 \neq \sigma_B^2]$$

をたてる．$m = n = 10$, $s_1^2 = 0.000138$, $s_2^2 = 0.000149$ であるから

$$u_A^2 = 10 \times 0.000138/(10-1) = 0.0001533$$
$$u_B^2 = 10 \times 0.000149/(10-1) = 0.0001655$$

よって $u_A^2 < u_B^2$ なので，u_B^2 を分子として F_0 を求めると

$$F_0 = \frac{0.0001655}{0.0001533} = 1.080$$

有意水準 $\alpha = 0.05$ とすると自由度 $(9, 9)$ の F 分布から $F_9^9(0.025) = 4.03$．

$$\therefore \quad F_0 = 1.080 < 4.03$$

となり仮説は捨てられない．

すなわち，ばらつきに差はないとみられる．

5.5 母分散の検定

5.5.1 母平均 μ が未知である場合

正規母集団 $N(\mu, \sigma^2)$ から抽出した無作為標本を $X_1, X_2, \cdots, X_n$ とする．μ が未知なので統計量

$$S^2 = \frac{1}{n}\sum_{i=1}^{n}(X_i - \overline{X})^2$$

に対して，仮説

$$H_0 : \sigma^2 = \sigma_0^2 \quad [H_1 : \sigma^2 \neq \sigma_0^2]$$

のもとで，統計量

$$\chi^2 = \frac{nS^2}{\sigma^2}$$

が自由度 $n-1$ の χ^2 分布に従うことを利用する．

いま，有意水準 α に対して自由度 $n-1$ の χ^2 分布表から

$$P(\chi_{n-1}^2 \leq k_1, \ \chi_{n-1}^2 \geq k_2) = \alpha$$

を満足する k_1, k_2 の値を求めると

$$k_1 = \chi_{n-1}^2(1 - \alpha/2)$$
$$k_2 = \chi_{n-1}^2(\alpha/2)$$

これより棄却域

$$W = (0, \ k_1) \cup (k_2, \ \infty)$$

に対して，χ^2 の実現値 χ_0^2 が

$\chi_0^2 \in W$ のとき 仮説は棄却する

$\chi_0^2 \notin W$ のとき 仮説は採択する

とする．

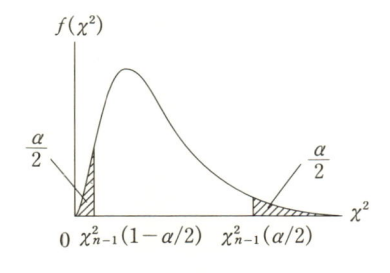

図 5.5

◆例 5.7 ある食品工場で生産されている製品の重量の標準偏差は 0.245 で管理されている．この工場の製品から無作為に 10 個を抽出し重量を測定したところ標準偏差は 0.268 であった．工場の管理水準が維持されているかどうかを，有意水準 5% で検定せよ．

解 ばらつきは変わらないものとする仮説
$$H_0: \sigma^2 = 0.245^2 = 0.060 \quad [H_1: \sigma^2 \neq 0.245^2]$$
をたてる．$n=10$, $s^2 = 0.268^2 = 0.072$ であるから
$$\chi_0^2 = \frac{10 \times 0.072}{0.060} = 12.0$$
有意水準 $\alpha = 0.05$ とすると自由度 9 の χ^2 分布表より
$$\chi_9^2(0.975) = 2.700, \quad \chi_9^2(0.025) = 19.02$$
したがって，棄却域 $W = (0, 2.700) \cup (19.02, \infty)$
$$\therefore \quad \chi_0^2 = 12.0 \notin W$$
となり，仮説は有意水準 5% で採択される．

5.5.2 母平均 μ が既知である場合

正規母集団 $N(\mu, \sigma^2)$ から抽出した無作為標本を $X_1, X_2, \cdots, X_n$ とする．μ が既知なので統計量
$$S_0^2 = \frac{1}{n} \sum_{i=1}^{n} (X_i - \mu)^2$$
に対して，仮説
$$H_0: \sigma^2 = \sigma_0^2 \quad [H_1: \sigma^2 \neq \sigma_0^2]$$
のもとで，統計量
$$\chi^2 = \frac{nS_0^2}{\sigma^2}$$
をつくると，これが自由度 n の χ^2 分布に従うことを利用する．

いま，有意水準 α に対して自由度 n の χ^2 分布表から
$$P(\chi_n^2 \leq k_1', \chi_n^2 \geq k_2') = \alpha$$
を満足する k_1', k_2' の値を求めると
$$k_1' = \chi_n^2(1 - \alpha/2),$$
$$k_2' = \chi_n^2(\alpha/2)$$

これより棄却域

$$W = (0, \ k_1') \cup (k_2', \ \infty)$$

に対して，χ^2 の実現値 χ_0^2 が

  $\chi_0^2 \in W$ のとき 仮説は棄却する

  $\chi_0^2 \notin W$ のとき 仮説は採択する

とする．

◆例 5.8 平均身長 167 cm の学生の集団から無作為に 6 人抽出して次のデータを得た．身長は正規分布をするものとして，この母分散が 1.5^2 であるという仮説を有意水準 5% で検定せよ．

  168 173 163 170 166 165

解 仮説 $H_0: \sigma^2 = 1.5^2$ $[H_1: \sigma^2 \neq 1.5^2]$

母平均 $\mu = 167$ を用いてデータより分散 s_0^2 を求める．

$$s_0^2 = \frac{1}{6}\{(168-167)^2 + (173-167)^2 + (163-167)^2 + (170-167)^2$$
$$+ (166-167)^2 + (165-167)^2\}$$
$$= 67/6 = 11.17$$

したがって，χ^2 の実現値は

$$\chi_0^2 = \frac{6 \times 11.17}{1.5^2} = 29.79$$

有意水準 $\alpha = 0.05$ とすると，自由度 6 の χ^2 分布表から

  $\chi_6^2(0.975) = 1.237,$

  $\chi_6^2(0.025) = 14.45$

  $W = (0, \ 1.237) \cup (14.45, \ \infty)$

 $\therefore$ $\chi_0^2 = 29.79 \in W$

仮説 H_0 は有意水準 5% で棄却される．

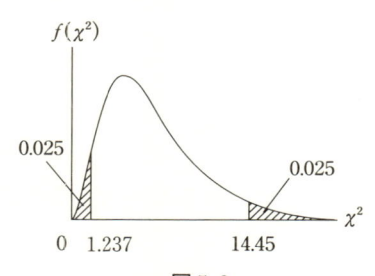

図 5.6

5.6 母相関係数の検定

2次元の正規母集団を $N(\mu_x, \mu_y, \sigma_x^2, \sigma_y^2, \rho)$ とする．このとき，母数 $\mu_x, \mu_y, \sigma_x^2, \sigma_y^2, \rho$ はすべて未知であるという条件のもとで，この母集団から抽出された互いに独立な対になっている n 組の標本 (X_i, Y_i) による標本相関係数を用いて，母集団分布の相関係数 ρ に関する仮説の検定を考える．

母相関係数 ρ が 0 であることの検定

2次元の正規母集団からの X, Y についての対になっている大きさ n の標本 (X_i, Y_i) からつくられる標本相関係数

$$R = \frac{\frac{1}{n}\sum_{i=1}^{n}(X_i - \overline{X})(Y_i - \overline{Y})}{\sqrt{\frac{1}{n}\sum_{i=1}^{n}(X_i - \overline{X})^2}\sqrt{\frac{1}{n}\sum_{i=1}^{n}(Y_i - \overline{Y})^2}}$$

に対して，仮説

$$H_0 : \rho = 0 \quad [H_1 : \rho \neq 0]$$

のもとで，統計量

$$T = \frac{\sqrt{n-2}\,R}{\sqrt{1-R^2}} \quad (n \geq 3)$$

が自由度 $n-2$ の t 分布に従うことを利用する．

すなわち，有意水準 α に対しては自由度 $n-2$ の t 分布表から

$$P(|T| \geq t_{n-2}(\alpha)) = \alpha$$

を満足する $t_{n-2}(\alpha)$ を求めて，T の実現値

$$t_0 = \frac{\sqrt{n-2}\,r}{\sqrt{1-r^2}}$$

に対して

$|t_0| \geq t_{n-2}(\alpha)$ のとき H_0 を棄却する

$|t_0| < t_{n-2}(\alpha)$ のとき H_0 を採択する

とする．

◆例 5.9 乳児 30 人について身長と体重の相関係数を調べたところ 0.74 であった．身長と体重の値が 2 次元正規分布をしているとして，母相関係数 $\rho = 0$ という仮説を有意水準 5％で検定せよ．

解 仮説 $H_0 : \rho = 0$ $[H_1 : \rho \neq 0]$

$n=30$, $r=0.74$ から T の実現値 t_0 は

$$t_0 = \frac{\sqrt{30-2} \times 0.74}{\sqrt{1-0.74^2}} = \frac{3.9157}{0.6726} = 5.822$$

有意水準 $\alpha = 0.05$ とすると，自由度 $30-2=28$ の t 分布表から $t_{28}(0.05) = 2.048$

$\therefore \quad |t_0| = 5.822 > 2.048$

これより仮説 H_0 は有意水準 5% で棄却される．

5.7 母比率の検定

5.7.1 母比率 $p = p_0$ の検定

母集団比率を p とする母集団から抽出した大きさ n の標本 X_1, X_2, $\cdots$, X_n の和を $S_n = \sum X_i$ とおくと，この S_n の分布は 2 項分布 $B(n, p)$ に従い，n が十分に大きいときは近似的に正規分布 $N(np, np(1-p))$ に従うのでこれを利用して検定をする．

いま，仮説

$$H_0 : p = p_0 \quad [H_1 : p \neq p_0]$$

のもとで，統計量を

$$Z = \frac{S_n - np_0}{\sqrt{np_0(1-p_0)}} = \frac{S_n/n - p_0}{\sqrt{p_0(1-p_0)/n}}$$

とおくと，この分布は n が大きいとき正規分布 $N(0, 1^2)$ に従う．

これより，有意水準 α に対して正規分布表から

$$P(|Z| \geqq \lambda) = \alpha$$

を満足する λ が求められる．このとき Z の実現値

$$z_0 = \frac{S_n/n - p_0}{\sqrt{p_0(1-p_0)/n}}$$

に対して

$|z_0| \geqq \lambda$ のとき 仮説 H_0 は棄却する

$|z_0| < \lambda$ のとき 仮説 H_0 は採択する

とする．

◆例 5.10 ある選挙区で選挙人名簿の中から無作為に抽出した 300 人について面接調査したところ 165 人が A 候補者を支持していた．この選挙区で支持率が半数より大きいとみてよいか．

解 A 候補の支持率は半数であるという仮説

$$H_0 : p = 0.5 \quad [H_1 : p \neq 0.5]$$

をたてる．このとき Z の実現値

$$z_0 = \frac{165/300 - 0.5}{\sqrt{0.5(1-0.5)/300}} = \frac{0.05}{0.0289} = 1.73$$

有意水準 $\alpha = 0.05$ であるとすると，$\lambda = 1.96$

∴ $|z_0| = 1.73 < 1.96$

仮説 H_0 は有意水準 5% で採択される．

5.7.2 2 つの比率の差の検定

2 つの 2 項母集団 A, B からの標本の大きさを n_A, n_B とする．その標本の中の注目した 1 つの事象に属するものの個数が k_1, k_2 であるとき，2 つの標本比率 $p_A{}^* = k_1/n_A$, $p_B{}^* = k_2/n_B$ の差の検定は次のようにして行う．

母集団比率を p_A, p_B とし，仮説

$$H_0 : p_A = p_B \quad [H_1 : p_A \neq p_B]$$

のもとで

$$p_A{}^* = k_1/n_A, \quad p_B{}^* = k_2/n_B$$

および両者に共通な p^* を求める．

$$p^* = \frac{n_A p_A{}^* + n_B p_B{}^*}{n_A + n_B}$$

このとき，統計量

$$Z = \frac{p_A{}^* - p_B{}^*}{\sqrt{p^*(1-p^*)\left(\dfrac{1}{n_A} + \dfrac{1}{n_B}\right)}}$$

をつくると，Z は正規分布 $N(0, 1^2)$ に従う．

これより，有意水準 α に対して正規分布表から

$$P(|Z| \geq \lambda) = \alpha$$

を満足する λ を求め，Z の実現値 z_0 に対して

$|z_0| \geq \lambda$ のとき 仮説 H_0 は棄却する

$|z_0|<\lambda$ のとき　仮説 H_0 は採択する

とする．

◆例 5.11　年賀状 350 通について，宛名の縦書きと横書きのものを男女別に調べたところ表 5.4 のとおりであった．性別により書き方に相違があるか．有意水準 5％ で検定せよ．

表 5.4

	男性 A	女性 B	計
縦書き	179	53	232
横書き	103	15	118
計	282	68	350

解　男女の差はないとする仮説

$$H_0 : p_A = p_B \quad [H_1 : p_A \neq p_B]$$

とする．

$$p_A{}^* = 179/282 = 0.635, \quad p_B{}^* = 53/68 = 0.779$$

また，A と B に共通な比率 p^* を

$$p^* = (179+53)/(282+68) = 0.663$$

として求める．このとき Z の実現値

$$z_0 = \frac{0.635 - 0.779}{\sqrt{0.663(1-0.663)\left(\dfrac{1}{282} + \dfrac{1}{68}\right)}} = \frac{-0.144}{0.06386} = -2.26$$

有意水準 $\alpha = 0.05$ とすると，正規分布表から，$\lambda = 1.96$

∴　$|z_0| = 2.26 > 1.96$

仮説 H_0 は棄却される．すなわち，男女別で差がみられる．

5.8　適合度の検定

5.8.1　単純仮説のとき

実験などで得られた結果が，ある型の母集団からの観測値とみなせるかどうかを調べたい場合にこの検定が用いられる．

母集団が k 個の事象 E_1, E_2, …, E_k によって構成されていて，その事象の起こる確率を p_1, p_2, …, p_k とする．この母集団からの大きさ n 個の標本

値を k 個の事象に分類し,その度数を $f_1, f_2, \cdots, f_k (f_1+f_2+\cdots+f_k=n)$ とする.

ここで

仮説 $H_0 : E_i$ の起こる確率 $P(E_i)=p_i$

として,各度数 f_i に対する期待度数 np_i を求める.

このときの統計量として

$$\chi^2 = \sum_{i=1}^{k} \frac{(度数-期待度数)^2}{期待度数} = \sum_{i=1}^{k} \frac{(f_i-np_i)^2}{np_i}$$

をつくると,これが自由度 $k-1$ の χ^2 分布に従うことを利用する.

有意水準を α とするとき,自由度 $k-1$ の χ^2 分布表から $\chi_{k-1}^2(\alpha)$ の値を求め,統計量 χ^2 の実現値が

$\chi_0^2 \geq \chi_{k-1}^2(\alpha)$ ならば 仮説は棄却する.

$\chi_0^2 < \chi_{k-1}^2(\alpha)$ ならば 仮説は採択する.

表5.5

事 象	E_1	E_2	$\cdots$	E_k	計
度 数 f_i	f_1	f_2	$\cdots$	f_k	n
確 率 p_i	p_1	p_2	$\cdots$	p_k	1
期待度数 np_i	np_1	np_2	$\cdots$	np_k	n
$\dfrac{(f_i-np_i)^2}{np_i}$	$\dfrac{(f_1-np_1)^2}{np_1}$	$\dfrac{(f_2-np_2)^2}{np_2}$	$\cdots$	$\dfrac{(f_k-np_k)^2}{np_k}$	$\sum \dfrac{(f_i-np_i)^2}{np_i}=\chi^2$

◆例 5.12 植物の交配によって A, B 2つの遺伝子が現れる割合は,非 A, 非 B を $\overline{A}, \overline{B}$ で表せば $AB : A\overline{B} : \overline{A}B : \overline{A}\overline{B} = 9:3:3:1$ となることが期待されていたが,実験の結果は表5.6のとおりであった.この理論は当てはまるといえるか.有意水準 5% で検定せよ.

表5.6

現れ方	AB	$A\overline{B}$	$\overline{A}B$	$\overline{A}\overline{B}$	計
出現度数	1260	625	610	5	2500

解 仮説 H_0 : 実験の結果は期待する理論分布と一致する.

すなわち,仮説

$$H_0 : AB : A\overline{B} : \overline{A}B : \overline{A}\overline{B} = \frac{9}{16} : \frac{3}{16} : \frac{3}{16} : \frac{1}{16}$$

とする．表5.7の度数表をつくり，期待度数を求め，統計量を計算する．

表5.7

事象	AB	A$\overline{B}$	$\overline{A}$B	$\overline{AB}$	計
度数 f_i	1260	625	610	5	2500
確率 p_i	9/16	3/16	3/16	1/16	1
期待度数 np_i	1406	469	469	156	2500
$\dfrac{(f_i - np_i)^2}{np_i}$	15.16	51.89	42.39	146.16	$\chi^2 = 255.60$

これより統計量，$\chi_0^2 = 255.60$．いま，有意水準 $\alpha = 0.05$ とすると，自由度 $4-1 = 3$ の χ^2 分布表より

$$\chi_3^2(0.05) = 7.815$$
$$\therefore \quad \chi_0^2 = 255.60 > 7.815$$

となり仮説は棄却される．すなわち，理論は当てはまらない．

5.8.2 複合仮説のとき

母集団分布が m 個の未知の母数（たとえば，正規母集団では母数は μ，σ^2 の2個）を含んでいる場合には，標本から得られる推定値を用いて理論度数（期待度数）を求める．このときの検定統計量は

$$\chi^2 = \sum_{i=1}^{k} \frac{(\text{度数} - \text{期待度数})^2}{\text{期待度数}}$$

で，これが自由度 $k-m-1$ の χ^2 分布に従うことを利用する．

(注) 度数 f_i または期待度数 np_i が5より小さいものがあれば隣の級と合併して，5以上の大きい度数の級ばかりにする．このときは合併した級の数だけ自由度は減少する．

◆例5.13 ある野菜の種を1列につき10粒ずつまいたもの80列について，一定の日数後に発芽数を調べて表5.8の結果を得た．この分布は2項分布に従っているとみなせるか．

表5.8

発芽数	0	1	2	3	4	5	6	7	8	9	10	計
出現度数	6	20	28	12	8	6	0	0	0	0	0	80

解 仮説 H_0：2項分布に従うものとする．

標本平均 $\bar{x}$ を求めると，
$$\bar{x} = 2.2$$
ゆえに，2項分布の平均値は，$np = \bar{x} = 2.2$
$$\therefore \quad 10p = 2.2, \quad p = 0.22, \quad 1-p = 0.78$$
このとき2項分布 $P(X=k) = {}_{10}C_k \cdot 0.22 \cdot 0.78^{10-k}$ を用いて
$$P(X=0) = {}_{10}C_0 \cdot 0.22^0 \cdot 0.78^{10} = 0.78^{10} = 0.0834$$
$$P(X=1) = {}_{10}C_1 \cdot 0.22 \cdot 0.78^9 = 0.2351$$
$$P(X=2) = {}_{10}C_2 \cdot 0.22^2 \cdot 0.78^8 = 0.2984$$
$$P(X=3) = {}_{10}C_3 \cdot 0.22^3 \cdot 0.78^7 = 0.2244$$
$$P(X=4) = {}_{10}C_4 \cdot 0.22^4 \cdot 0.78^6 = 0.1108$$
$$P(X=5) = {}_{10}C_5 \cdot 0.22^5 \cdot 0.78^5 = 0.0375$$
$$P(X=6) = {}_{10}C_6 \cdot 0.22^6 \cdot 0.78^4 = 0.0088$$

表5.9の度数表をつくり，期待度数を求め，統計量を計算する．

表5.9

発芽数 k	出現度数 f	確率 p	期待度数 np	$\dfrac{(f-np)^2}{np}$
0	6	0.0834	6.7	0.07313
1	20	0.2351	18.8	0.07660
2	28	0.2984	23.9	0.70335
3	12	0.2244	18.0	2.0
4	8	0.1108	8.9	0.09101
5	6	0.0375	3.0	3.0
計	80			$5.94408 = \chi_0^2$

これより，統計量は，$\chi_0^2 = 5.94408$．母数 p を1個推定しているので，χ^2 の自由度は $6-1-1=4$ となり，有意水準 $\alpha = 0.05$ とすると
$$\chi_4^2(0.05) = 9.488$$
ゆえに $\chi_0^2 = 5.944 < 9.488$ となり仮説 H_0 は棄却されない．

すなわち，この分布は2項分布に従うとみなされる．

5.9 独立性の検定

5.9.1 $l \times m$ 分割表

母集団からの n 個の標本を2つの属性 A, B に分類し，属性 A を A_1,

A_2, $\cdots$, A_l の l 個の階級に，属性 B を B_1, B_2, $\cdots$, B_m の m 個の階級に分けて，A_i, B_j 両属性に属する標本の数を f_{ij} とする．このとき A_i と B_j を対にした表 5.10 の f_{ij} 表をつくる．

表 5.10 f_{ij} 表

A\B	B_1	$\cdots$	B_j	$\cdots$	B_m	計
A_1	f_{11}	$\cdots$	f_{1j}		f_{1m}	$f_{1.}$
$\vdots$	$\vdots$		$\vdots$		$\vdots$	$\vdots$
A_i	f_{i1}	$\cdots$	f_{ij}		f_{im}	$f_{i.}$
$\vdots$	$\vdots$		$\vdots$		$\vdots$	$\vdots$
A_l	f_{l1}	$\cdots$	f_{lj}		f_{lm}	$f_{l.}$
計	$f_{.1}$	$\cdots$	$f_{.j}$	$\cdots$	$f_{.m}$	n

$$\left(\sum_{i=1}^{l} f_{ij}=f_{.j},\ \sum_{j=1}^{m} f_{ij}=f_{i.},\ \sum_{i=1}^{l} f_{i.}=\sum_{j=1}^{m} f_{.j}=n\right)$$

このような表を $l \times m$ 分割表という．

この標本から次の仮説を検定する．

　　仮説 H_0：2 つの属性 A と B が独立である

すなわち，この仮説 H_0 のもとでは

$$P(A_i \cap B_j) = P(A_i) \cdot P(B_j)$$

が成り立ち，$P(A_i) = f_{i.}/n$, $P(B_j) = f_{.j}/n$ であるから

$$P(A_i \cap B_j) = \frac{f_{i.}}{n} \times \frac{f_{.j}}{n}$$

となる．この仮説のもとでの実現値 f_{ij} に対する期待値は

$$nP(A_i \cap B_j) = n \times \frac{f_{i.}}{n} \times \frac{f_{.j}}{n} = \frac{f_{i.}f_{.j}}{n}$$

となるから，統計量として

$$\chi^2 = \sum_{i=1}^{l}\sum_{j=1}^{m} \left\{ \left(f_{ij} - \frac{f_{i.}f_{.j}}{n}\right)^2 \bigg/ \frac{f_{i.}f_{.j}}{n} \right\}$$

を求めると，自由度 $(l-1)(m-1)$ の χ^2 分布に従うことを利用する．

◆**例 5.14** ある製薬会社で 3 種の薬品 A，B，C について，その効力を調べるために，それぞれ 50 人を選び試したところ，表 5.11 の結果を得た．薬品の間に違いがあるといえるか．有意水準 5 % で検定せよ．

表 5.11

	A	B	C	計
効力あり	31	35	29	95
効力なし	19	15	21	55
計	50	50	50	150

解 仮説 H_0：各薬品と効力とは関連がないとする．

$f_i.f_{.j}/n$ の式を用いて期待度数を計算する．

表 5.12

	A	B	C	計
効力あり	31.7	31.7	31.7	95
効力なし	18.3	18.3	18.3	55
計	50	50	50	150

これより，統計量 χ_0^2 を求めると

$$\chi_0^2 = \frac{(31-31.7)^2}{31.7} + \frac{(35-31.7)^2}{31.7} + \frac{(29-31.7)^2}{31.7} + \frac{(19-18.3)^2}{18.3}$$
$$+ \frac{(15-18.3)^2}{18.3} + \frac{(21-18.3)^2}{18.3}$$
$$= 1.609$$

有意水準 5％ のとき，$(3-1)\times(2-1)=2$ の χ^2 分布表より

$$\chi_2^2(0.05) = 5.991$$
$$\therefore \quad \chi_0^2 = 1.609 < 5.991$$

となり，仮説は棄てられない．薬品間に効力の差があるとはいえない．

（注）χ^2 の式は次のように変形できる．

$$\chi^2 = \sum_{i=1}^{l}\sum_{j=1}^{m}\left\{\left(f_{ij}-\frac{f_i.f_{.j}}{n}\right)^2 \Big/ \frac{f_i.f_{.j}}{n}\right\}$$
$$= n\left(\sum_{i=1}^{l}\sum_{j=1}^{m}\frac{f_{ij}^2}{f_i.f_{.j}} - 1\right)$$

この式を用いて計算すると

$$\chi^2 = 150\left(\frac{31^2}{95\times 50} + \frac{35^2}{95\times 50} + \frac{29^2}{95\times 50} + \frac{19^2}{55\times 50} + \frac{15^2}{55\times 50} + \frac{21^2}{55\times 50} - 1\right)$$
$$= 1.608$$

5.9.2　2×2 分割表

$l\times m$ 分割表において，特に $l=m=2$ の場合である．

$f_{11}=a$, $f_{12}=b$, $f_{21}=c$, $f_{22}=d$ とおくと表 5.13 のようになる．

表 5.13

A\B	B_1	B_2	計
A_1	a	b	$a+b$
A_2	c	d	$c+d$
計	$a+c$	$b+d$	n

このときの χ^2 の値は
$$\chi^2 = \frac{n(ad-bc)^2}{(a+b)(c+d)(a+c)(b+d)}$$
となる．これは自由度 $(2-1)(2-1)=1$ の χ^2 分布に従う．

◆例 5.15 表 5.14 は，ビタミン B 不足が胎児の性決定に影響があるか否かを，ねずみについて試験した結果である．ビタミン B と胎児の雌雄に関係があるといえるか．有意水準 5％ で検定せよ．

表 5.14

ビタミン\性	雌	雄	計
ビタミン不足	123	153	276
ビタミン十分	145	150	295
計	268	303	571

解 仮説 H_0：ビタミン B と胎児の雌雄とは独立である．

統計量を求めると
$$\chi_0^2 = \frac{571\times(123\times150-145\times153)^2}{276\times295\times268\times303} = 1.200$$

有意水準 5％ のとき，自由度 1 の χ^2 分布表より
$$\chi_1^2(0.05)=3.841$$
∴ $\chi_0^2 = 1.200 < 3.841$

となり仮説は棄てられない．すなわち，ビタミン B と胎児の雌雄とは独立であるという仮説は否定できないことになる．

イエーツの修正

2×2 分割表において，度数 a, b, c, d のいずれかが 5 以下の場合には χ^2 の値を

$$\chi^2 = \frac{n(ad-bc \pm n/2)^2}{(a+b)(c+d)(a+c)(b+d)}$$

として求めるほうが χ^2 分布の近似の度合いがよい．これを"イエーツの修正"とよぶ．$\pm n/2$ の符号は $ad-bc>0$ ならば $-n/2$，$ad-bc<0$ ならば $+n/2$ とする．

◆例 5.16　ある中学校では 2 年生 40 人に数学の基礎テストを行い，上位 18 名を A クラスに，残り 22 名を B クラスに分け習熟度別授業を行うことにした．この基礎テストのうち第 1 問の正解は A クラスでは 15 名，B クラスでは 12 名であった．この第 1 問は能力判定によい問題であったといえるか．

解　仮説 H_0：A クラスと B クラスとは独立であるとする．

表 5.15

	A クラス	B クラス	計
正解	15	12	27
誤解	3	10	13
計	18	22	40

A クラスの誤解答が 3 なのでイエーツの修正式を用いて

$$\chi_0^2 = \frac{40(15 \times 10 - 12 \times 3 - 40/2)^2}{27 \times 13 \times 18 \times 22} = 2.543$$

有意水準 5% とするとき自由度 1 の χ^2 分布表から

$$\chi_1^2(0.05) = 3.841$$

$$\therefore \quad \chi_0^2 = 2.543 < 3.841$$

となり仮説は棄却できない．

5 章・演習問題

5.1　ある地方で収穫する小麦のタンパク質の含有率 (%) はこれまでだいたい平均

13.2％, 標準偏差 0.52％ の正規分布に従っている．最近, この地方の 5 か所の小麦を無作為に抽出しタンパク質の含有率を調べたところ次のような結果を得た．タンパク質の含有率が変わったといえるか．有意水準 5％ で検定せよ．

12.6, 13.4, 12.8, 11.9, 13.0 (％)

5.2 毎年新入生に実施してきた基礎学力テストは, 正規分布 $N(53.7, \sigma^2)$ に従っている．今年の新入生 30 人に同一のテストをしたところ, 平均 55.4, 分散 2.82^2 という結果であった．このことから, 30 人の平均点はこれまでの新入生より優れているといえるか．有意水準 5％ で検定せよ．

5.3 A, B の 2 人にある作業をそれぞれ 10 回行ってもらい, その時間を測定して次の結果を得た．2 人の作業時間に差があるといえるか．有意水準 5％ で検定せよ．ただし, それぞれの標準偏差はだいたい $\sigma_A = 2.0$, $\sigma_B = 1.85$ で正規分布に従っている．

A：18, 21, 16, 20, 22, 19, 21, 23, 22, 19 (秒)
B：20, 23, 19, 21, 22, 18, 22, 24, 23, 20

5.4 次のデータは 11 人の男子と 10 人の女子について, 血液中の β-グロブリンの量を測定して得られた結果である．

男子：12.9, 10.4, 9.8, 9.8, 13.1, 9.2, 10.6, 9.8, 9.7, 12.9, 9.2
女子：12.6, 10.8, 13.0, 10.5, 13.2, 12.4, 11.2, 13.4, 11.6, 12.3

（1） 男子と女子では β-グロブリンの量の分散に差があるか
（2） また, 両者の平均値に差が認められるか

を有意水準 5％ で検定せよ．

5.5 10 人の男子学生に早朝と夕方にそれぞれ 50 歩ずつ歩いてもらい, その 1 歩あたりの歩幅を測定し表 5.16 のような結果を得た．

早朝と夕方では歩幅に差があるといえるか．有意水準 1％ で検定せよ．

表 5.16

学生	1	2	3	4	5	6	7	8	9	10
朝方	73.2	72.8	75.0	68.4	70.9	71.1	74.5	76.6	70.2	72.3
夕方	71.6	71.0	72.5	68.5	68.6	69.6	71.2	73.8	69.7	70.5

5.6 平均身長が 168.5 cm の学校の生徒の中から 6 人を無作為に抽出し身長を測定したところ

170.2　165.8　167.5　175.9　172.5　168.4

であった．この学校の生徒の身長の分散は 5.85^2 cm といえるか．有意水準 5％ で検定せよ．

5.7 これまで購入していた卵の重さの分散は 3.27 g であった．最近卵の大きさにばらつきがあるように思われるため無作為に 10 個を抽出し分散を求めたところ 4.22 g であった．ばらつきは大きくなったとみられるか．有意水準 5％ で検定せよ．

5.8 ある学科の学生 120 名について, 高校における成績 x と大学における成績 y と

の相関係数を調べたところ 0.39 であった．母相関係数 $\rho=0$ という仮説を有意水準 5% で検定せよ．

5.9 あるスポーツのテレビ視聴率は前回の調査では 18% であった．今回の調査では 13% に下がっていた．視聴率が本当に低下したといえるか．調査数を 500 として有意水準 5% で検定せよ．

5.10 1 つのサイコロを 300 回投げて出た目の回数は表 5.17 のとおりであった．このサイコロは正しいといえるか．

表 5.17

目の数 x	1	2	3	4	5	6	計
回 数 f	58	64	39	45	51	43	300

5.11 表 5.18 は A 社のある製品の販売後における 1 日あたりのクレーム件数について調べた結果である．この分布はポアソン分布に従っているといえるか．

表 5.18

クレーム件数 x	0	1	2	3	4	5	6	7	計
発 生 件 数 f	104	129	69	31	10	2	0	1	346

5.12 表 5.19 は喫煙の有無と肺ガン発病の有無の状況を表示したものである．この資料から，喫煙は肺ガンの発生に関係あるといえるか．

表 5.19

	肺ガン	正常
喫煙する	60	32
喫煙せず	3	11

5.13 表 5.20 は，平成 5 年 4 月〜6 年 3 月の間に長期欠席 (25 日間以上)，休学，退学した高校 2，3 年生の性格と主因を示したものである．これらの間に関係があるとみてよいか．

表 5.20

		疾 病	心的要因	怠 学	学業不振	計
性格	内向	184	104	193	63	544
	普通	426	43	214	69	752
	外向	124	27	201	52	404

演習問題解答

第1章

1.1 平均値 $\bar{x}=(9.8+12.8+3.8+10.2+5.4+14.0+8.2+12.0+11.1+6.6+10.4+5.6)/12$
$=109.9/12=9.158$

中央値 Me を求めるためデータを大きさの順に並べると

3.8, 5.4, 5.6, 6.6, 8.2, 9.8, 10.2, 10.4, 11.1, 12.0, 12.8, 14.0

中央値 $\text{Me}=(9.8+10.2)/2=10.0$

分　散　$u^2=\{9.8^2+12.8^2+\cdots+10.4^2+5.6^2-(109.9)^2/12\}/(12-1)$
$=(1121.01-1006.501)/11$
$=10.4136$

標準偏差 $u=\sqrt{10.4136}=3.23$

範　囲　$R=14.0-3.8=10.2$

1.2 最大値 $x_{\max}=18.3$, 最小値 $x_{\min}=9.5$

階級の数 $k=\sqrt{68}\fallingdotseq 8$（このようにおおよその目安として求めることもできる）

階級の幅 $h=(18.3-9.5)/8=1.1\fallingdotseq 1.0$

各階級の境界値

$c_0=x_{\min}-0.1/2=9.5-0.05=9.45$
$c_1=9.45+1.0=10.45$

以下同様にして次の度数表をつくる.

解表 1

階　級	階級値 x_i	度数 f_i	u_i	$u_i f_i$	$u_i^2 f_i$
9.45 ～ 10.45	9.95	3	−3	−9	27
10.45 ～ 11.45	10.95	2	−2	−4	8
11.45 ～ 12.45	11.95	10	−1	−10	10
12.45 ～ 13.45	12.95	15	0	0	0
13.45 ～ 14.45	13.95	13	1	13	13
14.45 ～ 15.45	14.95	9	2	18	36
15.45 ～ 16.45	15.95	9	3	27	81
16.45 ～ 17.45	16.95	5	4	20	80
17.45 ～ 18.45	17.95	2	5	10	50
計		68	—	65	305

x_i の仮平均 $x_0=12.95$ とする. 階級の幅 $h=1.0$ より

$u_i=(x_i-12.95)/1.0$

とおき，u_if_i，$u_i^2f_i$ を求める．
度数表より

平　均　値　　$\bar{x} = 12.95 + 1.0 \times 65/68 = 13.906$

標準偏差　　$s = 1.0\sqrt{\{305 - (65)^2/68\}/67} = 1.904 \fallingdotseq 1.90$

1.3　$n_A = 42$,　$n_B = 40$．

$$\bar{x}_A = (\sum_{i=1}^{n_A} x_{A_i})/n_A \quad \therefore \quad \sum_{i=1}^{n_A} x_{A_i} = n_A \bar{x}_{A_i} = 42 \times 57.2 = 2402.4$$

$$\bar{x}_{B_i} = (\sum_{i=1}^{n_B} x_{B_i})/n_B \quad \therefore \quad \sum_{i=1}^{n_B} x_{B_i} = n_A \bar{x}_{B_i} = 40 \times 53.6 = 2144.0$$

これより平均値 $\bar{x}$ は

$$\bar{x} = (\sum_{i=1}^{n_A} x_{A_i} + \sum_{i=1}^{n_B} x_{B_i})/(n_A + n_B) = (n_A \bar{x}_{A_i} + n_A \bar{x}_{B_i})/(n_A + n_B)$$
$$= (2402.4 + 2144.0)/(42 + 40) = 55.44$$

また，分散 s^2 は

$$s^2 = \{\sum_{i=1}^{n_A}(x_{A_i} - \bar{x})^2 + \sum_{i=1}^{n_B}(x_{B_i} - \bar{x})^2\}/(n_A + n_B)$$
$$= [\sum_{i=1}^{n_A}\{(x_{A_i} - \bar{x}_A) + (\bar{x}_A - \bar{x})\}^2 + \sum_{i=1}^{n_B}\{(x_{B_i} - \bar{x}_B)$$
$$+ (\bar{x}_B - \bar{x})\}^2]/(n_A + n_B)$$
$$= [\sum_{i=1}^{n_A}(x_{A_i} - \bar{x}_A)^2 + n_A(\bar{x}_A - \bar{x})^2 + \sum_{i=1}^{n_B}(x_{B_i} - \bar{x}_B)^2$$
$$+ n_B(\bar{x}_B - \bar{x})^2]/(n_A + n_B)$$
$$= [n_A s_A^2 + n_B s_B^2 + n_A(\bar{x}_A - \bar{x})^2 + n_B(\bar{x}_B - \bar{x})^2]/(n_A + n_B)$$

として求められる．ここで

$$s_A^2 = \sum_{i=1}^{n_A}(x_{A_i} - \bar{x}_A)^2/n_A = 14.5^2 \quad \therefore \quad n_A s_A^2 = \sum_{i=1}^{n_A}(x_{A_i} - \bar{x}_A)^2 = 42 \times 14.5^2$$

$$s_B^2 = \sum_{i=1}^{n_B}(x_{B_i} - \bar{x}_B)^2/n_B = 13.8^2 \quad \therefore \quad n_B s_B^2 = \sum_{i=1}^{n_B}(x_{B_i} - \bar{x}_B)^2 = 40 \times 13.8^2$$

$$n_A(\bar{x}_A - \bar{x})^2 = 42(57.2 - 55.44)^2 = 130.0992$$

$$n_B(\bar{x}_B - \bar{x})^2 = 40(53.6 - 55.44)^2 = 135.4240$$

$$s^2 = \frac{42 \times 14.5^2 + 40 \times 13.8^2 + 130.0992 + 135.4240}{42 + 40} = 203.82467$$

$$\therefore \quad s = \sqrt{203.82467} = 14.28$$

1.4　$n = 40$

$$\sum_{i=1}^{n} x_i = 2323, \quad \sum_{i=1}^{n} y_i = 2297, \quad \sum_{i=1}^{n} x_i^2 = 143219, \quad \sum_{i=1}^{n} y_i^2 = 147227,$$

$$\sum_{i=1}^{n} x_i y_i = 139046$$

$$\therefore \quad Sx = 143219 - (2323)^2/40 = 8310.78$$
$$Sy = 147227 - (2297)^2/40 = 15321.78$$
$$Sxy = 139046 - 2323 \times 2297/40 = 5647.73$$

$$\therefore \quad r = \frac{Sxy}{\sqrt{Sx}\sqrt{Sy}} = \frac{5647.73}{\sqrt{8310.78}\sqrt{15321.78}} = 0.501$$

1.5　次の表をつくり $\sum x_i$，$\sum y_i$，$\sum x_i^2$，$\sum x_i y_i$ を求める．

解表 2

No.	x	y	x^2	xy
1	19.6	764	384.16	14974.4
2	24.6	861	605.16	21180.6
3	20.5	773	420.25	15848.5
4	20.0	758	400.00	15160.0
5	20.9	794	436.81	16594.6
6	19.9	771	396.01	15342.9
7	20.4	783	416.16	15973.2
8	18.4	731	338.56	13450.4
9	22.1	788	488.41	17414.8
10	22.9	814	524.41	18640.6
計	209.3	7837	4409.93	164578.0

表より
$$\bar{x} = 209.3/10 = 20.93$$
$$\bar{y} = 7837/10 = 783.7$$

また
$$Sxy = 164578.0 - (209.3) \times (7837)/10 = 549.59$$
$$Sx = 4409.93 - (209.3)^2/10 = 29.281$$
$$\therefore b = Sxy/Sx = 549.59/29.281 = 18.770$$

これより求める直線の式は
$$y - 783.7 = 18.770(x - 20.93)$$
$$\therefore y = 390.85 + 18.770x$$

第 2 章

2.1 3 個のサイコロを投げたときの目の起こりうる場合の数は
$$6 \times 6 \times 6 = 216 \text{ 通り}$$
2 個のサイコロの目が等しい場合の数は，6 通り．
したがって，3 個のうち 2 個の目が等しいので，$5 \times 6 \times {}_3C_2 = 90$
よって，求める確率は，$90/216 = 5/12$

2.2 どちらの袋を選ぶかその確率は 1/2 で，排反であるから
$$\frac{1}{2}\left(\frac{{}_3C_1}{{}_5C_1} + \frac{{}_2C_1}{{}_3C_1}\right) = \frac{1}{2}\left(\frac{3}{5} + \frac{2}{3}\right) = \frac{1}{2} \times \frac{9+10}{15} = \frac{19}{30}$$

2.3 A が赤玉を取り出す事象を A，B が赤玉を取り出す事象を B とする．
(1) $B = (A \cap B) \cup (\overline{A} \cap B)$ で $(A \cap B)$ と $(\overline{A} \cap B)$ は排反であるから
$$P(B) = P((A \cap B) \cup (\overline{A} \cap B)) = P(A \cap B) + P(\overline{A} \cap B)$$
$$= P(A)P(B|A) + P(\overline{A})P(B|\overline{A})$$
ここで，$P(A) = 6/10$，$P(\overline{A}) = 4/10$，$P(B|A) = 5/9$，$P(B|\overline{A}) = 6/9$ より
$$\therefore P(B) = 6/10 \times 5/9 + 4/10 \times 6/9 = 54/90 = 3/5$$

（2）　$P(A \cup B) = P(A) + P(B) - P(A \cap B)$ において，$P(A \cap B) = 6/10 \times 5/9 = 1/3$ より
$$\therefore \quad P(A \cup B) = 6/10 + 3/5 - 1/3 = 13/15$$

2.4　賞金 M を得る期待値 $E(M)$ とすると
$$E(M) = 100000 \times \frac{1}{10000} + 10000 \times \frac{2}{10000} + 5000 \times \frac{10}{10000} + 1000 \times \frac{20}{10000} = 19(\text{円})$$

2.5　（1）　$1/4 + 1/3 + 1/3 + a = 1$　$\therefore$　$a = 1 - (1/4 + 1/3 + 1/3) = 1/12$
　　　（2）　$P(-1 \leq X \leq 1) = 1/4 + 1/3 = 7/12$
　　　（3）　$E(X) = -1 \times 1/4 + 0 \times 1/3 + 2 \times 1/3 + 3 \times 1/12 = 2/3$
$$V(X) = (-1)^2 \times 1/4 + 0^2 \times 1/3 + 2^2 \times 1/3 + 3^2 \times 1/12 - (2/3)^2 = 17/9$$

2.6　
$$E(X) = \int_0^{10} x \cdot 1/10 \, dx = (1/10)[x^2/2]_0^{10} = 5$$
$$V(X) = \int_0^{10} x^2 \cdot 1/10 \, dx - 5^2 = (1/10)[x^3/3]_0^{10} - 25 = 25/3$$

2.7　不良率 $p = 0.03$．
取り出した 5 個の中に不良品が 0 個である確率は
$$_5C_0(0.03)^0(1-0.03)^5 = 0.97^5 = 0.859$$
また，不良品が 1 個入っている確率は
$$_5C_1(0.03)^1(1-0.03)^4 = 5 \times 0.03 \times 0.97^4 \fallingdotseq 0.133$$
したがって，購入する確率は
$$0.859 + 0.133 = 0.992$$

2.8　$n = 50$，$p = 0.025$ より $np = 50 \times 0.025 = 1.25$
ポアソン分布に従うので
$$P(X = x) = \frac{1.25^x}{x!} e^{-1.25}$$
ここで $e^{-1.25} = 0.287$ で，$x = 0, 1, 2, 3, 4, 5, 6$(人) として表をつくると次のようになる．

解表 3

x(人)	0	1	2	3	4	5	6
$P(X=x)$	0.2865	0.3581	0.2238	0.0933	0.0291	0.0073	0.0015

上の表からは 1 人死亡する確率が最も高い．

2.9　$E(X) = 1/\lambda = 6$，$\lambda = 1/6$ より
$$P(X \geq 10) = 1 - P(X < 10) \quad [\text{ここで} P(X < 10) = 1 - e^{-\lambda x}]$$
$$= 1 - (1 - e^{-10/6}) = e^{-10/6} = e^{-1.67} = 0.1889$$

2.10　平均点を $\bar{x}$，標準偏差を s とする．
全体の 10% が 35 点以下で，15% が 85 点以上であるので

$$z_1 = \frac{35-\bar{x}}{s}, \quad z_2 = \frac{85-\bar{x}}{s}$$

とおくと，正規分布表より

$$P(z_1 \leq \lambda_1) = 0.10 \quad \therefore \quad \lambda_1 \fallingdotseq -1.28$$
$$P(z_2 \geq \lambda_2) = 0.15 \quad \therefore \quad \lambda_1 \fallingdotseq 1.04$$

したがって

$$\frac{35-\bar{x}}{s} = -1.28, \quad \frac{85-\bar{x}}{s} = 1.04$$

これより

$$\bar{x} = 62.58, \quad s = 21.55$$

第3章

3.1 （1） $E(\overline{X}) = 50, \quad V(\overline{X}) = 10/\sqrt{25} = 2$

（2） $P(47.5 < \overline{X} < 55) = P\left(\dfrac{47.5-50}{2} < \dfrac{\overline{X}-50}{2} < \dfrac{55-50}{2}\right)$
$= P(-1.25 < Z < 2.5)$
$= P(0 \leq Z < 1.25) + P(0 < Z < 2.5)$
$= 0.3944 + 0.4938$
$= 0.8882$

（3） $P(\overline{X} < \lambda) = P\left(\dfrac{\overline{X}-50}{2} < \dfrac{\lambda-50}{2}\right) = P\left(Z < \dfrac{\lambda-50}{2}\right) = 0.90$

$\therefore \quad 0.5 + P\left(0 \leq Z < \dfrac{\lambda-50}{2}\right) = 0.90$

$P\left(0 \leq Z < \dfrac{\lambda-50}{2}\right) = 0.40$

正規分布表から

$$\frac{\lambda-50}{2} \fallingdotseq 1.28$$

$\therefore \quad \lambda \fallingdotseq 52.56$

3.2 $n = 10$，標本分散 $s^2 = 43.25$ より

（1） χ^2 の実現値 $\chi_0^2 = 10 \times 43.25/5^2 = 17.30$

（2） $P(\chi^2 > \chi_0^2) = \alpha$ とおき $\chi_0^2 = 17.30 = \chi_9^2(\alpha)$ となる α の値を求める．α は χ^2 分布表にないので線形補間で求める．

自由度 9 の χ^2 分布表より

$$\alpha = 0.05 + (0.025 - 0.05) \times \frac{17.30 - 16.92}{19.02 - 16.92}$$
$$= 0.05 - 0.0045$$
$$= 0.0455$$

解表 4

n \ p	0.05	α	0.025
	⋮	⋮	⋮
9	16.92	17.30	19.02

3.3 $P(|T| > t_0) = \alpha$ とおき $t_0 = 2.023 = t_{10}(\alpha)$ となる α の値を求める．α は t 分布表にないので線形補間で求める．

$$\alpha = 0.10 + (0.05 - 0.10) \times \frac{2.023 - 1.812}{2.228 - 1.812}$$
$$= 0.10 - 0.0254$$
$$= 0.0746$$

解表5

n \ p	0.10	α	0.05
	⋮	⋮	⋮
10	1.812	2.023	2.228

3.4 $P(-t_0 < T < t_0) = 1 - P(|T| \geq t_0) = 0.98$
∴ $P(|T| \geq t_0) = 0.02$
$t_0 = t_{50}(0.02)$ の値は t 分布表にないので
次のような逆数補間を用いて求める．

$$t_0 = 2.423 + (2.390 - 2.423) \times \frac{1/50 - 1/40}{1/60 - 1/40}$$
$$= 2.423 - 0.0198$$
$$= 2.4032$$

解表6

n \ p	0.02
40	2.423
50	t_0
60	2.390

3.5 自由度 (35, 25) のとき $P(F > F_0) = 0.025$ を満たす
$F_0 = F_{25}^{35}(0.025)$ の値を求める．この値は F 分布
表にないので逆数補間を用いて求める．

$$F_0 = 2.18 + (8.12 - 2.18) \times \frac{1/35 - 1/30}{1/40 - 1/30}$$
$$= 2.18 - 0.0343$$
$$= 2.146$$

解表7

n_2 \ n_1	30	35	40
	⋮	⋮	⋮
25	2.18	F_0	2.12

3.6 $P(F < F_0) = 1 - P(F \geq F_0) = 0.01$ ∴ $P(F \geq F_0) = 0.99$
これより
$$F_0 = F_{20}^{30}(0.99) = 1/F_{30}^{20}(1 - 0.99) = 1/F_{30}^{20}(0.01)$$
$$= 1/2.55 = 0.3922$$

第4章

4.1 標本平均 $\bar{x} = (4.5 + 3.8 + 4.0 + 4.4 + 5.0)/5 = 4.34$

（1） $\sigma^2 = 0.2$ のとき $\sigma = \sqrt{0.2} = 0.447$
信頼係数 95％ のとき正規分布表から $\lambda = 1.96$．よって求める信頼区間は
$$4.34 - 1.96 \frac{0.447}{\sqrt{5}} < \mu < 4.34 + 1.96 \frac{0.447}{\sqrt{5}}$$
∴ $3.948 < \mu < 4.732$

（2） $\sigma^2 = $ 未知のとき，標本分散 s^2 を求める
$$s^2 = (4.5^2 + 3.8^2 + 4.0^2 + 4.4^2 + 5.0^2)/5 - 4.34^2$$
$$= 95.09/5 - 18.8356$$
$$= 0.1744$$
$$s = \sqrt{0.1744} = 0.4176$$

信頼係数 95％ のとき自由度 $5 - 1 = 4$ の t 分布表から
$t_4(0.05) = 2.776$
よって求める信頼区間は

演習問題解答 105

$$4.34 - 2.776\frac{0.4176}{\sqrt{4}} < \mu < 4.34 + 2.776\frac{0.4176}{\sqrt{4}}$$

∴ $3.760 < \mu < 4.920$

4.2 （1） $\bar{x} = (32.5 + 33.1 + \cdots\cdots + 33.5 + 30.7)/10 = 321.2/10 = 32.12$
$s^2 = (32.5^2 + 33.1^2 + \cdots\cdots + 33.5^2 + 30.7^2)/10 - 32.12^2 = 1.1956$
$s = \sqrt{1.1956} = 1.093$

信頼係数 99％ のとき自由度 9 の t 分布表から
$t_9(0.01) = 3.250$
よって求める信頼区間は

$$32.12 - 3.250\frac{1.093}{\sqrt{9}} < \mu < 32.12 + 3.250\frac{1.093}{\sqrt{9}}$$

∴ $30.936 < \mu < 33.304$

（2） $ns^2 = 10 \times 1.1956 = 11.956$
信頼係数 99％ のとき自由度 9 の χ^2 分布表から
$\chi_9^2(0.005) = 23.59$
$\chi_9^2(0.995) = 1.735$

$$\frac{11.956}{23.59} < \sigma^2 < \frac{11.956}{1.735}$$

∴ $0.507 < \sigma^2 < 6.891$

4.3 $n = 310$, $x = 16$ ∴ $x/n = 16/310 ≒ 0.0516$
信頼係数 95％ のとき正規分布表から $\lambda = 1.96$
ゆえに

$$0.0516 - 1.96\sqrt{\frac{0.0516(1 - 0.0516)}{310}} < p < 0.0516 + 1.96c\sqrt{\frac{0.0516(1 - 0.0516)}{310}}$$

$0.0279 < p < 0.0762$

4.4 $n = 20$, $k = 2$, $\alpha/2 = 0.025$
求める母比率 p の下限値を p_l, 上限値を p_u とする．

ⅰ） 下限値 p_l を求める．
2 つの自由度を n_1, n_2 とすると
$n_1 = 2(20 - 2 + 1) = 38$
$n_2 = 2 \times 2 = 4$
$F = F_4^{38}(0.025) = 8.419$ （逆数補間により）

∴ $p_l = \dfrac{n_2}{n_1 F + n_2} = \dfrac{4}{38 \times 8.419 + 4} = 0.0123$

ⅱ） 上限値 p_u を求める．
2 つの自由度を m_1, m_2 とすると
$m_1 = 2(2 + 1) = 6$
$m_2 = 2(20 - 2) = 36$

$$F = F_{63}^{6}(0.025) = 2.785 \quad (逆数補間により)$$

$$\therefore \ p_l = \frac{m_1 F}{m_1 F + m_2} = \frac{6 \times 2.785}{6 \times 2.785 + 36} = 0313$$

これより求める不良率 p の信頼区間は

$$0.0123 < p < 0.313$$

4.5 $n = 100$, $r = 0.38$

z 変換表から

$$z = (1/2) \log(1 + 0.38)/(1 - 0.38) = 0.40$$

信頼係数 95％ のとき正規分布表から，$\lambda = 1.96$

$$0.40 - 1.96/\sqrt{(100-3)} < s < 0.40 + 1.96/\sqrt{(100-3)}$$

$$0.40 - 0.199 < s < 0.40 + 0.199$$

$$0.201 < s < 0.599$$

ここで，$s = (1/2) \log(1 + \rho)/(1 - \rho)$ とする．

再び z 変換表から

$$0.201 = (1/2) \log(1 + \rho_l)/(1 - \rho_l)$$

$$0.599 = (1/2) \log(1 + \rho_u)/(1 - \rho_u)$$

を満たす母相関係数 ρ の下限値 ρ_l，上限値 ρ_u を求めると

$$\rho_l = 0.198, \quad \rho_u = 0.536$$

$$\therefore \ 0.198 < \rho < 0.536$$

第5章

5.1 仮説 $H_0 : \mu = 13.2 \quad [H_1 : \mu \neq 13.2]$

$$\bar{x} = (12.6 + 13.4 + 12.8 + 11.9 + 13.0)/5 = 12.74$$

検定統計量の実現値を z_0 とすると

$$z_0 = \frac{12.74 - 13.2}{0.52/\sqrt{5}} = -1.978$$

有意水準 5％ のとき，正規分布より，$\lambda = 1.96$

$$\therefore \ |z_0| = 1.978 > 1.96$$

となり仮説は棄却される．すなわち変わったと見られる．

5.2 仮説 $H_0 : \mu = 53.7 \quad [H_1 : \mu \neq 53.7]$

$n = 30$, $\bar{x} = 55.4$, $s^2 = 2.28^2$ から検定統計量の実現値 t_0 は

$$t_0 = \frac{55.4 - 53.7}{2.82/\sqrt{30-1}} = 3.246$$

有意水準 5％ のとき，自由度 29 の t 分布表から

$$t_{29}(0.05) = 2.045$$

$$\therefore \ |t_0| = 3.246 > 2.045$$

となり仮説は棄却される．すなわちこれまでの新入生より優れていると見られる．

5.3 仮説 $H_0 : \mu_A = \mu_B \quad [H_1 : \mu_A \neq \mu_B]$

$\bar{x}_A = 201/10 = 20.1$

$\bar{x}_B = 212/10 = 21.2$

$\sigma_A^2 = 2.0^2, \quad \sigma_B^2 = 1.85^2$

検定統計量の実現値

$$z_0 = \frac{20.1 - 21.2}{\sqrt{2.0^2/10 + 1.85^2/10}} = -1.277$$

有意水準 5% のとき正規分布より, $\lambda = 1.96$

∴ $|z_0| = 1.277 < 1.96$ となり仮説は採択される.

すなわち, A, B 2 人の作業時間に差は見られない.

5.4 男子を A, 女子を B とする.

$\bar{x}_A = (12.9 + 10.4 + 9.8 + \cdots\cdots + 12.9 + 9.2)/11 = 10.67$

$\bar{x}_B = (12.6 + 10.8 + 13.0 + \cdots\cdots + 11.6 + 12.3)/10 = 12.10$

$s_A^2 = (12.9^2 + 10.4^2 + \cdots\cdots + 12.9^2 + 9.2^2)/11 - 10.67^2 = 2.191$

$s_B^2 = (12.6^2 + 10.8^2 + \cdots\cdots + 11.6^2 + 12.3^2)/10 - 12.10^2 = 0.940$

(1) 仮説 $H_0 : \sigma_A^2 = \sigma_B^2$　$[H_1 : \sigma_A^2 \neq \sigma_B^2]$

A, B の不偏分散 u_A^2, u_B^2 を求める.

$u_A^2 = n_A s_A^2 / (n_A - 1) = 11 \times 2.191 / 10 = 2.410$

$u_B^2 = n_B s_B^2 / (n_B - 1) = 10 \times 0.94 / 9 = 1.044$

ここで $u_A^2 > u_B^2$ であるから検定統計量

$F_0 = 2.410 / 1.044 = 2.308$

有意水準を 5% とすると, 自由度 (10, 9) の F 分布表から

$F^{10}{}_9(0.025) = 3.96$

∴ $F_0 = 2.308 < 3.96$ となり仮説は棄却されない.

(2) 仮説 $H_0 : \mu = \mu_0$　$[H_1 : \mu \neq \mu_0]$

A, B に共通な不偏分散 u^2 を求める.

$u^2 = (n_A s_A^2 + n_B s_B^2)/(n_A + n_B - 2) = (23.91 + 9.40)/19 = 1.753$

∴ $u = \sqrt{1.753} = 1.324$

これより検定統計量の実現値を t_0 とすると

$$t_0 = \frac{10.7 - 12.1}{1.324 \sqrt{(1/11 + 1/10)}} = -2.420$$

有意水準を 5% とすると, 自由度 19 の t 分布表から

$t_{19}(0.05) = 2.093$

∴ $|t_0| = 2.420 > 2.093$ となり, 仮説は棄却される.

5.5 仮説 $H_0 : \mu_d = 0$　$[H_1 : \mu_d \neq 0]$

朝方と夕方との歩幅の差 d を求める.

解表 8

学生	1	2	3	4	5	6	7	8	9	10	計
朝方	73.2	72.8	75.0	68.4	70.9	71.1	74.5	76.6	70.2	72.3	—
夕方	71.6	71.0	72.5	68.5	68.6	69.6	71.2	73.8	69.7	70.5	—
差 d	1.6	1.8	2.5	−0.1	2.3	1.5	3.3	2.8	0.5	1.8	18.0
$(d)^2$	2.56	3.24	6.25	0.01	5.29	2.25	10.89	7.84	0.25	3.24	41.82

差の平均 $\bar{d} = 18/10 = 1.8$
不偏分散 $u_d^2 = (1/9)\{41.82 - 18.0^2/10\} = 1.0467$
$\therefore \quad u_d = \sqrt{1.0467} = 1.023$
検定統計量の実現値は
$$t_0 = \frac{1.8}{1.03/\sqrt{10}} = 5.564$$
有意水準 1% のとき，自由度 9 の t 分布表から
$\quad t_9(0.01) = 3.250$
$\therefore \quad |t_0| = 5.564 > 3.250 \quad$ となり，仮説は棄却される．

5.6 仮説 $H_0 : \sigma^2 = 5.85^2$ cm $\quad [H_1 : \sigma^2 \neq 5.85^2]$
母平均 $\mu = 168.5$ から
分　散 $s_0^2 = (1/6)\{(170.2 - 168.5)^2 + (165.8 - 168.5)^2 + (167.5 - 168.5)^2$
$\quad + (175.9 - 168.5)^2 + (172.5 - 168.5)^2 + (168.4 - 168.5)^2\}$
$\quad = 81.95/6$
$\quad = 13.568$
$\therefore \quad ns_0^2 = 81.95$
検定統計量の実現値は
$\quad \chi_0^2 = 81.95/5.85^2 = 2.394$
有意水準 5% のとき，自由度 6 の χ^2 分布表から
$\quad \chi_6^2(0.975) = 1.237, \quad \chi_6^2(0.025) = 14.45 \quad \therefore \quad W = (0, 1.237) \cup (14.15, \infty)$
これより $\quad \chi_0^2 \notin W \quad$ となり仮説は採択される．

5.7 仮説 $H_0 : \sigma^2 = 3.27 \quad [H_1 : \sigma^2 > 3.27]$
$\quad n = 10, \quad s^2 = 4.22, \quad ns^2 = 42.2$
検定統計量の実現値は
$\quad \chi_0^2 = 42.2/3.27 = 12.91$
有意水準 5% のとき，自由度 9 の χ^2 分布表から
$\quad \chi_9^2(0.05) = 16.92$
$\therefore \quad \chi_0^2 = 12.91 < 16.92$
これより仮説は採択される．分散が大きくなったとはいえない．

5.8 仮説 $H_0 : \rho = 0 \quad [H_1 : \rho \neq 0]$
$\quad n = 120, \quad r = 0.39$ より
検定統計量の実現値は

$$t_0 = \sqrt{120-2}\frac{0.39}{\sqrt{1-0.39^2}} = 4.601$$

有意水準 5％ のとき，自由度 $120-2=118$ の t 分布表から
$$t_{118}(0.05) \fallingdotseq 1.98$$
$\therefore\ |t_0|=4.601 > 1.98$ となり，仮説は棄却される．

5.9 仮説：前回 (A) と今回 (B) では視聴率に差はないとする．
$$H_0: p_A = p_B \quad [H_1: p_A > p_B]$$
$$n_A = n_B = 500, \quad p_A = 0.18, \quad p_B = 0.13$$
A と B に共通な比率 $p = \dfrac{500 \times 0.18 + 500 \times 0.13}{500+500} = 0.155$

これより検定統計量の実現値は
$$z_0 = \frac{0.18-0.13}{\sqrt{0.155(1-0.155)(1/500+1/500)}} = 2.183$$

有意水準 5％ とするとき，正規分布表から $\lambda = 1.645$
$\therefore\ |z_0|=2.183 > 1.645$ となり，仮説は棄却される．
すなわち，前回より今回の視聴率は下がったと見られる．

5.10 仮説 $H_0: p_i = 1/6 \quad [H_1: p_i \neq 1/6]$
期待度数 $np_i = 300 \times 1/6 = 50$

解表 9

出た目の数 x	1	2	3	4	5	6	計
出た回数 f	58	64	39	45	51	43	300
期待度数 np_i	50	50	50	50	50	50	300
$\dfrac{(f-np_i)^2}{np_i}$	1.28	3.92	2.42	0.5	0.02	0.98	9.12

これより検定統計量は $\chi_0^2 = 9.12$
有意水準 5％ のとき，自由度 5 の χ^2 分布表から
$$\chi_5^2(0.05) = 11.07$$
$\therefore\ \chi_0^2 = 9.12 < 11.07$ となり，仮説は棄却されない．
すなわち，サイコロの目の出方は正しいといえる．

5.11 仮説 H_0：ポアソン分布に従うとする．
データからの平均値 $\bar{x} = 417/346 = 1.205 \fallingdotseq 1.21$
したがって，ポアソン分布の平均値 $\mu = \bar{x} = 1.21$
ゆえに，ポアソン分布は
$$P(X=x) = \frac{1.21^x}{x!}e^{-1.21} \quad (x=0,\ 1,\ \cdots)$$
ここで，$x=0, 1, 2, 3, 4, 5, 6, 7$ とおき確率を求める．
$$P(X=0) = e^{-1.21} = 0.2982$$
$$P(X=1) = 1.21 e^{-1.21} = 1.21 P(X=0) = 0.3608$$

$P(X=2) = (1.21^2/2)e^{-1.21} = (1.21/2)P(X=1) = 0.2183$
$P(X=3) = (1.21^3/3!)e^{-1.21} = (1.21/3)P(X=2) = 0.0880$
$P(X=4) = (1.21^4/4!)e^{-1.21} = (1.21/4)P(X=3) = 0.0266$
$P(X=5) = (1.21^5/5!)e^{-1.21} = (1.21/5)P(X=4) = 0.0064$
$P(X=6) = (1.21^6/6!)e^{-1.21} = (1.21/6)P(X=5) = 0.0013$
$P(X=7) = (1.21^7/7!)e^{-1.21} = (1.21/7)P(X=6) = 0.0002$

度数表をつくり，期待度数，統計量を計算する．

解表 10

クレーム数 x	発生件数 f_i	確率 p_i	期待度数 np_i	$(f_i - np_i)^2 / np_i$
0	104	0.2982	103.2	0.0062
1	129	0.3608	124.8	0.1413
2	69	0.2183	75.5	0.5596
3	31	0.0880	30.4	0.0118
4	10	0.0266	9.2	
5	2 13	0.0064	2.2 11.9	0.1076
6	0	0.0013	0.4	
7	1	0.0002	0.0	
計	346	0.9998	346	0.8265

$x=5, 6, 7$ は $f<5$ であるから $x=4$ にプーリングする．

表から検定統計量は $\chi_0^2 = 0.8265$

有意水準 5% のとき，未知母数 μ が1個あるので自由度は $5-1-1=3$ の χ^2 分布表から

$$\chi_3^2(0.05) = 7.815$$

∴ $\chi_0^2 = 0.8265 < 7.815$ となり，仮説は採択される．

すなわち，ポアソン分布に従っているとみなされる．

5.12 仮説 H_0：喫煙の有無と肺ガンの発病とは独立とする．

解表 11

	肺ガン	正常	計
喫煙する	60	32	92
喫煙せず	3	11	14
計	63	43	106

「喫煙せず」かつ「肺ガン」の度数が3なので検定統計量はイェーツの修正の式を用いて

$$\chi_0^2 = \frac{106(60 \times 11 - 32 \times 3 - 106/2)^2}{92 \times 14 \times 63 \times 43} = 7.933$$

有意水準 1% のとき，自由度1の χ^2 分布表から

$$\chi_1^2(0.01) = 6.635$$

∴ $\chi_0^2 = 7.933 > 6.635$ となり，仮説は棄却される．
すなわち，喫煙の有無と肺ガンの発病とは関連があるといえる．

5.13 仮説 H_0：性格と主因とは独立とする．

解表 12

		疾　病	心的要因	怠　学	学業不振	計
性格	内向	184	104	193	63	544
	普通	426	43	214	69	752
	外向	124	27	201	52	404
	計	734	174	608	184	1700

検定統計量を求めると

$$\chi_0^2 = 1700 \left\{ \frac{184^2}{734 \times 544} + \frac{104^2}{174 \times 544} + \frac{193^2}{608 \times 544} + \frac{63^2}{184 \times 544} \right.$$

$$+ \frac{426^2}{734 \times 752} + \frac{43^2}{174 \times 752} + \frac{214^2}{608 \times 752} + \frac{69^2}{184 \times 752} + \frac{124^2}{734 \times 404}$$

$$\left. + \frac{27^2}{174 \times 404} + \frac{201^2}{608 \times 404} + \frac{52^2}{184 \times 404} - 1 \right\}$$

$$= 1700(1.091883 - 1)$$

$$= 1700 \times 0.091883$$

$$= 156.201$$

有意水準 1% のとき自由度 $(4-1)(3-1) = 6$ の χ^2 分布表から

$$\chi_6^2(0.01) = 16.81$$

∴ $\chi_0^2 = 156.201 > 16.81$ となり，仮説は棄却される．

すなわち，性格と主因とは関連があると見られる．

参　考　書

猪野富秋・伊藤正義：数理統計入門，森北出版（1981）

牧野都治・伊藤正義・道家英幸：初等統計解析，森北出版（1977）

河田敬義・丸山文行：基礎課程数理統計，裳華房（1951）

高木貞治：解析概論，岩波書店（1943）

付表1 ポアソン分布表

$$x \to \frac{\lambda^x}{x!}e^{-\lambda}$$

x \ λ	0.1	0.2	0.3	0.4	0.5	0.6	0.7	0.8	0.9	1.0	1.5	2.0	2.5	3.0
0	.905	.819	.741	.670	.607	.549	.497	.449	.407	.368	.223	.135	.082	.050
1	.090	.164	.222	.268	.303	.329	.348	.359	.366	.368	.335	.271	.205	.149
2	.005	.016	.033	.054	.076	.099	.122	.144	.165	.184	.251	.271	.257	.224
3	—	.001	.003	.007	.013	.020	.028	.038	.049	.061	.126	.180	.214	.224
4	—	—	—	.001	.002	.003	.005	.008	.011	.015	.047	.090	.134	.168
5	—	—	—	—	—	—	.001	.001	.002	.003	.014	.036	.067	.101
6	—	—	—	—	—	—	—	—	—	.001	.004	.012	.028	.050
7	—	—	—	—	—	—	—	—	—	—	.001	.003	.010	.022
8	—	—	—	—	—	—	—	—	—	—	—	.001	.003	.008
9	—	—	—	—	—	—	—	—	—	—	—	—	.001	.003
10	—	—	—	—	—	—	—	—	—	—	—	—	—	.001

x \ λ	3.5	4.0	4.5	5.0	5.5	6.0	6.5	7.0	7.5	8.0	8.5	9.0	9.5	10.0
0	.030	.018	.011	.007	.004	.002	.002	.001	.001	—	—	—	—	—
1	.106	.073	.050	.034	.022	.015	.010	.006	.004	.003	.002	.001	.001	—
2	.185	.147	.112	.084	.062	.045	.032	.022	.016	.011	.007	.005	.003	.002
3	.216	.195	.169	.140	.113	.089	.069	.052	.039	.029	.021	.015	.011	.008
4	.189	.195	.190	.175	.156	.134	.112	.091	.073	.057	.044	.034	.025	.019
5	.132	.156	.171	.175	.171	.161	.145	.128	.109	.092	.075	.061	.048	.038
6	.077	.104	.128	.146	.157	.161	.157	.149	.137	.122	.107	.091	.076	.063
7	.039	.060	.082	.104	.123	.138	.146	.149	.146	.140	.129	.117	.104	.090
8	.017	.030	.046	.065	.085	.103	.119	.130	.137	.140	.138	.132	.123	.113
9	.007	.013	.023	.036	.052	.069	.086	.101	.114	.124	.130	.132	.130	.125
10	.002	.005	.010	.018	.029	.041	.056	.071	.086	.099	.110	.119	.124	.125
11	.001	.002	.004	.008	.014	.023	.033	.045	.059	.072	.085	.097	.107	.114
12	—	.001	.002	.003	.007	.011	.018	.026	.037	.048	.060	.073	.084	.095
13	—	—	.001	.001	.003	.005	.009	.014	.021	.030	.040	.050	.062	.073
14	—	—	—	.001	.002	.004	.007	.011	.017	.024	.032	.042	.052	.052
15	—	—	—	—	.001	.002	.003	.006	.009	.014	.019	.027	.035	.035
16	—	—	—	—	—	.001	.001	.003	.005	.007	.011	.016	.022	.022
17	—	—	—	—	—	—	.001	.001	.002	.004	.006	.009	.013	.013
18	—	—	—	—	—	—	—	.001	.002	.003	.005	.007	.007	.007
19	—	—	—	—	—	—	—	—	.001	.001	.002	.004	.004	.004
20	—	—	—	—	—	—	—	—	—	.001	.001	.002	.002	.002
21	—	—	—	—	—	—	—	—	—	—	—	.001	.001	.001

付表2 正規分布表

$$x \to \int_0^x \frac{1}{\sqrt{2\pi}} e^{-z^2/2} dz = p$$

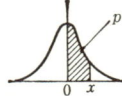

x	0.00	0.01	0.02	0.03	0.04	0.05	0.06	0.07	0.08	0.09
0.0	.0000	.0040	.0080	.0120	.0160	.0199	.0239	.0279	.0319	.0359
0.1	.0398	.0438	.0478	.0517	.0557	.0596	.0636	.0675	.0714	.0753
0.2	.0793	.0832	.0871	.0910	.0948	.0987	.1026	.1064	.1103	.1141
0.3	.1179	.1217	.1255	.1293	.1331	.1368	.1406	.1443	.1480	.1517
0.4	.1554	.1591	.1628	.1664	.1700	.1736	.1772	.1808	.1844	.1879
0.5	.1915	.1950	.1985	.2019	.2054	.2088	.2123	.2157	.2190	.2224
0.6	.2257	.2291	.2324	.2357	.2389	.2422	.2454	.2486	.2517	.2549
0.7	.2580	.2611	.2642	.2673	.2704	.2734	.2764	.2794	.2823	.2852
0.8	.2881	.2910	.2939	.2967	.2995	.3023	.3051	.3078	.3106	.3133
0.9	.3159	.3186	.3212	.3238	.3264	.3289	.3315	.3340	.3365	.3389
1.0	.3413	.3438	.3461	.3485	.3508	.3531	.3554	.3577	.3599	.3621
1.1	.3643	.3665	.3686	.3708	.3729	.3749	.3770	.3790	.3810	.3830
1.2	.3849	.3869	.3888	.3907	.3925	.3944	.3962	.3980	.3997	.4015
1.3	.4032	.4049	.4066	.4082	.4099	.4115	.4131	.4147	.4162	.4177
1.4	.4192	.4207	.4222	.4236	.4251	.4265	.4279	.4292	.4306	.4319
1.5	.4332	.4345	.4357	.4370	.4382	.4394	.4406	.4418	.4429	.4441
1.6	.4452	.4463	.4474	.4484	.4495	.4505	.4515	.4525	.4535	.4545
1.7	.4554	.4564	.4573	.4582	.4591	.4599	.4608	.4616	.4625	.4633
1.8	.4641	.4649	.4656	.4664	.4671	.4678	.4686	.4693	.4699	.4706
1.9	.4713	.4719	.4726	.4732	.4738	.4744	.4750	.4756	.4761	.4767
2.0	.4772	.4778	.4783	.4788	.4793	.4798	.4803	.4808	.4812	.4817
2.1	.4821	.4826	.4830	.4834	.4838	.4842	.4846	.4850	.4854	.4857
2.2	.4861	.4864	.4868	.4871	.4875	.4878	.4881	.4884	.4887	.4890
2.3	.4893	.4896	.4898	.4901	.4904	.4906	.4909	.4911	.4913	.4916
2.4	.4918	.4920	.4922	.4925	.4927	.4929	.4931	.4932	.4934	.4936
2.5	.4938	.4940	.4941	.4943	.4945	.4946	.4948	.4949	.4951	.4952
2.6	.4953	.4955	.4956	.4957	.4959	.4960	.4961	.4962	.4963	.4964
2.7	.4965	.4966	.4967	.4968	.4969	.4970	.4971	.4972	.4973	.4974
2.8	.4974	.4975	.4976	.4977	.4977	.4978	.4979	.4979	.4980	.4981
2.9	.4981	.4982	.4982	.4983	.4984	.4984	.4985	.4985	.4986	.4986
3.0	.4987	.4987	.4987	.4988	.4988	.4989	.4989	.4989	.4990	.4990
3.1	.4990	.4991	.4991	.4991	.4992	.4992	.4992	.4992	.4993	.4993

付表3 χ^2 分布表

自由度 $n : \mathrm{P}(\chi^2 \geq \chi_0^2) = p \to \chi_0^2$

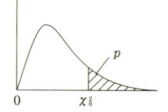

n \ p	0.995	0.99	0.975	0.95	0.05	0.025	0.01	0.005
1	$0.0^4 3927$	$0.0^3 1571$	$0.0^3 9821$	$0.0^2 3932$	3.841	5.024	6.635	7.879
2	0.01003	0.02010	0.05064	0.1026	5.991	7.378	9.210	10.60
3	0.07172	0.1148	0.2158	0.3518	7.815	9.348	11.34	12.84
4	0.2070	0.2971	0.4844	0.7107	9.488	11.14	13.28	14.86
5	0.4117	0.5543	0.8312	1.145	11.07	12.83	15.09	16.75
6	0.6757	0.8721	1.237	1.635	12.59	14.45	16.81	18.55
7	0.9893	1.239	1.690	2.167	14.07	16.01	18.48	20.28
8	1.344	1.646	2.180	2.733	15.51	17.53	20.09	21.95
9	1.735	2.088	2.700	3.325	16.92	19.02	21.67	23.59
10	2.156	2.558	3.247	3.940	18.31	20.48	23.21	25.19
11	2.603	3.053	3.816	4.575	19.68	21.92	24.72	26.76
12	3.074	3.571	4.404	5.226	21.03	23.34	26.22	28.30
13	3.565	4.107	5.009	5.892	22.36	24.74	27.69	29.82
14	4.075	4.660	5.629	6.571	23.68	26.12	29.14	31.32
15	4.601	5.229	6.262	7.261	25.00	27.49	30.58	32.80
16	5.142	5.812	6.908	7.962	26.30	28.85	32.00	34.27
17	5.697	6.408	7.564	8.672	27.59	30.19	33.41	35.72
18	6.265	7.015	8.231	9.390	28.87	31.53	34.81	37.16
19	6.844	7.633	8.907	10.12	30.14	32.85	36.19	38.58
20	7.434	8.260	9.591	10.85	31.41	34.17	37.57	40.00
21	8.034	8.897	10.28	11.59	32.67	35.48	38.93	41.40
22	8.643	9.542	10.98	12.34	33.92	36.78	40.29	42.80
23	9.260	10.20	11.69	13.09	35.17	38.08	41.64	44.18
24	9.886	10.86	12.40	13.85	36.42	39.36	42.98	45.56
25	10.52	11.52	13.12	14.61	37.65	40.65	44.31	46.93
26	11.16	12.20	13.84	15.38	38.89	41.92	45.64	48.29
27	11.81	12.88	14.57	16.15	40.11	43.19	46.96	49.64
28	12.46	13.56	15.31	16.93	41.34	44.46	48.28	50.99
29	13.12	14.26	16.05	17.71	42.56	45.72	49.59	52.34
30	13.79	14.95	16.79	18.49	43.77	46.98	50.89	53.67
40	20.71	22.16	24.43	26.51	55.76	59.34	63.69	66.77
60	35.53	37.48	40.48	43.19	79.08	83.30	88.38	91.95
80	51.17	53.54	57.15	60.39	101.9	106.6	112.3	116.3
100	67.33	70.06	74.22	77.93	124.3	129.6	135.8	140.2

付表4 t 分 布 表

自由度 n: $P(|T| \geq t_0) = p \to t_0$

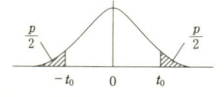

n \ p	0.50	0.40	0.30	0.20	0.10	0.05	0.02	0.01	0.001	p \ n
1	1.000	1.376	1.963	3.078	6.314	12.706	31.821	63.657	636.619	1
2	0.816	1.061	1.386	1.886	2.920	4.303	6.965	9.925	31.599	2
3	0.765	0.978	1.250	1.638	2.353	3.182	4.541	5.841	12.924	3
4	0.741	0.941	1.190	1.533	2.132	2.776	3.747	4.604	8.610	4
5	0.727	0.920	1.156	1.476	2.015	2.571	3.365	4.032	6.869	5
6	0.718	0.906	1.134	1.440	1.943	2.447	3.143	3.707	5.959	6
7	0.711	0.896	1.119	1.415	1.895	2.365	2.998	3.499	5.408	7
8	0.706	0.889	1.108	1.397	1.860	2.306	2.896	3.355	5.041	8
9	0.703	0.883	1.100	1.383	1.833	2.262	2.821	3.250	4.781	9
10	0.700	0.879	1.093	1.372	1.812	2.228	2.764	3.169	4.587	10
11	0.697	0.876	1.088	1.363	1.796	2.201	2.718	3.106	4.437	11
12	0.695	0.873	1.083	1.356	1.782	2.179	2.681	3.055	4.318	12
13	0.694	0.870	1.079	1.350	1.771	2.160	2.650	3.012	4.221	13
14	0.692	0.868	1.076	1.345	1.761	2.145	2.624	2.977	4.140	14
15	0.691	0.866	1.074	1.341	1.753	2.131	2.602	2.947	4.073	15
16	0.690	0.865	1.071	1.337	1.746	2.120	2.583	2.921	4.015	16
17	0.689	0.863	1.069	1.333	1.740	2.110	2.567	2.898	3.965	17
18	0.688	0.862	1.067	1.330	1.734	2.101	2.552	2.878	3.922	18
19	0.688	0.861	1.066	1.328	1.729	2.093	2.539	2.861	3.883	19
20	0.687	0.860	1.064	1.325	1.725	2.086	2.528	2.845	3.850	20
21	0.686	0.859	1.063	1.323	1.721	2.080	2.518	2.831	3.819	21
22	0.686	0.858	1.061	1.321	1.717	2.074	2.508	2.819	3.792	22
23	0.685	0.858	1.060	1.319	1.714	2.069	2.500	2.807	3.768	23
24	0.685	0.857	1.059	1.318	1.711	2.064	2.492	2.797	3.745	24
25	0.684	0.856	1.058	1.316	1.708	2.060	2.485	2.787	3.725	25
26	0.684	0.856	1.058	1.315	1.706	2.056	2.479	2.779	3.707	26
27	0.684	0.855	1.057	1.314	1.703	2.052	2.473	2.771	3.690	27
28	0.683	0.855	1.056	1.313	1.701	2.048	2.467	2.763	3.674	28
29	0.683	0.854	1.055	1.311	1.699	2.045	2.462	2.756	3.659	29
30	0.683	0.854	1.055	1.310	1.697	2.042	2.457	2.750	3.646	30
40	0.681	0.851	1.050	1.303	1.684	2.021	2.423	2.704	3.551	40
60	0.679	0.848	1.045	1.296	1.671	2.000	2.390	2.660	3.460	60
120	0.677	0.845	1.041	1.289	1.658	1.980	2.358	2.617	3.373	120
∞	0.674	0.842	1.036	1.282	1.645	1.960	2.326	2.576	3.291	∞

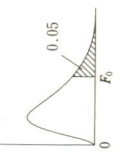

付表 5　F 分布表 (1)　5%点

自由度 n_1, n_2 : $P(F \geq F_0) = 0.05 \rightarrow F_0$

n_1 \ n_2	1	2	3	4	5	6	7	8	9	10	12	15	20	24	30	40	60	120	∞
1	161	200	216	225	230	234	237	239	241	242	244	246	248	249	250	251	252	253	254
2	18.5	19.0	19.2	19.2	19.3	19.3	19.4	19.4	19.4	19.4	19.4	19.4	19.4	19.5	19.5	19.5	19.5	19.5	19.5
3	10.1	9.55	9.28	9.12	9.01	8.94	8.89	8.85	8.81	8.79	8.74	8.70	8.66	8.64	8.62	8.59	8.57	8.55	8.53
4	7.71	6.94	6.59	6.39	6.26	6.16	6.09	6.04	6.00	5.96	5.91	5.86	5.80	5.77	5.75	5.72	5.69	5.66	5.63
5	6.61	5.79	5.41	5.19	5.05	4.95	4.88	4.82	4.77	4.74	4.68	4.62	4.56	4.53	4.50	4.46	4.43	4.40	4.36
6	5.99	5.14	4.76	4.53	4.39	4.28	4.21	4.15	4.10	4.06	4.00	3.94	3.87	3.84	3.81	3.77	3.74	3.70	3.67
7	5.59	4.74	4.35	4.12	3.97	3.87	3.79	3.73	3.68	3.64	3.57	3.51	3.44	3.41	3.38	3.34	3.30	3.27	3.23
8	5.32	4.46	4.07	3.84	3.69	3.58	3.50	3.44	3.39	3.35	3.28	3.22	3.15	3.12	3.08	3.04	3.01	2.97	2.93
9	5.12	4.26	3.86	3.63	3.48	3.37	3.29	3.23	3.18	3.14	3.07	3.01	2.94	2.90	2.86	2.83	2.79	2.75	2.71
10	4.96	4.10	3.71	3.48	3.33	3.22	3.14	3.07	3.02	2.98	2.91	2.85	2.77	2.74	2.70	2.66	2.62	2.58	2.54
11	4.84	3.98	3.59	3.36	3.20	3.09	3.01	2.95	2.90	2.85	2.79	2.72	2.65	2.61	2.57	2.53	2.49	2.45	2.40
12	4.75	3.89	3.49	3.26	3.11	3.00	2.91	2.85	2.80	2.75	2.69	2.62	2.54	2.51	2.47	2.43	2.38	2.34	2.30
13	4.67	3.81	3.41	3.18	3.03	2.92	2.83	2.77	2.71	2.67	2.60	2.53	2.46	2.42	2.38	2.34	2.30	2.25	2.21
14	4.60	3.74	3.34	3.11	2.96	2.85	2.76	2.70	2.65	2.60	2.53	2.46	2.39	2.35	2.31	2.27	2.22	2.18	2.13
15	4.54	3.68	3.29	3.06	2.90	2.79	2.71	2.64	2.59	2.54	2.48	2.40	2.33	2.29	2.25	2.20	2.16	2.11	2.07
16	4.49	3.63	3.24	3.01	2.85	2.74	2.66	2.59	2.54	2.49	2.42	2.35	2.28	2.24	2.19	2.15	2.11	2.06	2.01
17	4.45	3.59	3.20	2.96	2.81	2.70	2.61	2.55	2.49	2.45	2.38	2.31	2.23	2.19	2.15	2.10	2.06	2.01	1.96
18	4.41	3.55	3.16	2.93	2.77	2.66	2.58	2.51	2.46	2.41	2.34	2.27	2.19	2.15	2.11	2.06	2.02	1.97	1.92
19	4.38	3.52	3.13	2.90	2.74	2.63	2.54	2.48	2.42	2.38	2.31	2.23	2.16	2.11	2.07	2.03	1.98	1.93	1.88
20	4.35	3.49	3.10	2.87	2.71	2.60	2.51	2.45	2.39	2.35	2.28	2.20	2.12	2.08	2.04	1.99	1.95	1.90	1.84
21	4.32	3.47	3.07	2.84	2.68	2.57	2.49	2.42	2.37	2.32	2.25	2.18	2.10	2.05	2.01	1.96	1.92	1.87	1.81
22	4.30	3.44	3.05	2.82	2.66	2.55	2.46	2.40	2.34	2.30	2.23	2.15	2.07	2.03	1.98	1.94	1.89	1.84	1.78
23	4.28	3.42	3.03	2.80	2.64	2.53	2.44	2.37	2.32	2.27	2.20	2.13	2.05	2.01	1.96	1.91	1.86	1.81	1.76
24	4.26	3.40	3.01	2.78	2.62	2.51	2.42	2.36	2.30	2.25	2.18	2.11	2.03	1.98	1.94	1.89	1.84	1.79	1.73
25	4.24	3.39	2.99	2.76	2.60	2.49	2.40	2.34	2.28	2.24	2.16	2.09	2.01	1.96	1.92	1.87	1.82	1.77	1.71
26	4.23	3.37	2.98	2.74	2.59	2.47	2.39	2.32	2.27	2.22	2.15	2.07	1.99	1.95	1.90	1.85	1.80	1.75	1.69
27	4.21	3.35	2.96	2.73	2.57	2.46	2.37	2.31	2.25	2.20	2.13	2.06	1.97	1.93	1.88	1.84	1.79	1.73	1.67
28	4.20	3.34	2.95	2.71	2.56	2.45	2.36	2.29	2.24	2.19	2.12	2.04	1.96	1.91	1.87	1.82	1.77	1.71	1.65
29	4.18	3.33	2.93	2.70	2.55	2.43	2.35	2.28	2.22	2.18	2.10	2.03	1.94	1.90	1.85	1.81	1.75	1.70	1.64
30	4.17	3.32	2.92	2.69	2.53	2.42	2.33	2.27	2.21	2.16	2.09	2.01	1.93	1.89	1.84	1.79	1.74	1.68	1.62
40	4.08	3.23	2.84	2.61	2.45	2.34	2.25	2.18	2.12	2.08	2.00	1.92	1.84	1.79	1.74	1.69	1.64	1.58	1.51
60	4.00	3.15	2.76	2.53	2.37	2.25	2.17	2.10	2.04	1.99	1.92	1.84	1.75	1.70	1.65	1.59	1.53	1.47	1.39
120	3.92	3.07	2.68	2.45	2.29	2.17	2.09	2.02	1.96	1.91	1.83	1.75	1.66	1.61	1.55	1.50	1.43	1.35	1.25
∞	3.84	3.00	2.60	2.37	2.21	2.10	2.01	1.94	1.88	1.83	1.75	1.67	1.57	1.52	1.46	1.39	1.32	1.22	1.00

n_1, n_2 は $F \geq 1$ となるように定める.

付表 6 F 分布表 (2) 2.5% 点

自由度 n_1, n_2 : $P(F \geq F_0) = 0.025 \rightarrow F_0$

n_1 \ n_2	1	2	3	4	5	6	7	8	9	10	12	15	20	24	30	40	60	120	∞
1	648	800	864	900	922	937	948	957	963	969	977	985	993	997	1001	1006	1010	1014	1018
2	38.5	39.0	39.2	39.2	39.3	39.3	39.4	39.4	39.4	39.4	39.4	39.4	39.4	39.5	39.5	39.5	39.5	39.5	39.5
3	17.4	16.0	15.4	15.1	14.9	14.7	14.6	14.5	14.5	14.4	14.3	14.3	14.2	14.1	14.1	14.0	14.0	13.9	13.9
4	12.2	10.6	9.98	9.60	9.36	9.20	9.07	8.98	8.90	8.84	8.75	8.66	8.56	8.51	8.46	8.41	8.36	8.31	8.26
5	10.0	8.43	7.76	7.39	7.15	6.98	6.85	6.76	6.68	6.62	6.52	6.43	6.33	6.28	6.23	6.18	6.12	6.07	6.02
6	8.81	7.26	6.60	6.23	5.99	5.82	5.70	5.60	5.52	5.46	5.37	5.27	5.17	5.12	5.07	5.01	4.96	4.90	4.85
7	8.07	6.54	5.89	5.52	5.29	5.12	4.99	4.90	4.82	4.76	4.67	4.57	4.47	4.41	4.36	4.31	4.25	4.20	4.14
8	7.57	6.06	5.42	5.05	4.82	4.65	4.53	4.43	4.36	4.30	4.20	4.10	4.00	3.95	3.89	3.84	3.78	3.73	3.67
9	7.21	5.71	5.08	4.72	4.48	4.32	4.20	4.10	4.03	3.96	3.87	3.77	3.67	3.61	3.56	3.51	3.45	3.39	3.33
10	6.94	5.46	4.83	4.47	4.24	4.07	3.95	3.85	3.78	3.72	3.62	3.52	3.42	3.37	3.31	3.26	3.20	3.14	3.08
11	6.72	5.26	4.63	4.28	4.04	3.88	3.76	3.66	3.59	3.53	3.43	3.33	3.23	3.17	3.12	3.06	3.00	2.94	2.88
12	6.55	5.10	4.47	4.12	3.89	3.73	3.61	3.51	3.44	3.37	3.28	3.18	3.07	3.02	2.96	2.91	2.85	2.79	2.72
13	6.41	4.97	4.35	4.00	3.77	3.60	3.48	3.39	3.31	3.25	3.15	3.05	2.95	2.89	2.84	2.78	2.72	2.66	2.60
14	6.30	4.86	4.24	3.89	3.66	3.50	3.38	3.29	3.21	3.15	3.05	2.95	2.84	2.79	2.73	2.67	2.61	2.55	2.49
15	6.20	4.77	4.15	3.80	3.58	3.41	3.29	3.20	3.12	3.06	2.96	2.86	2.76	2.70	2.64	2.59	2.52	2.46	2.40
16	6.12	4.69	4.08	3.73	3.50	3.34	3.22	3.12	3.05	2.99	2.89	2.79	2.68	2.63	2.57	2.51	2.45	2.38	2.32
17	6.04	4.62	4.01	3.66	3.44	3.28	3.16	3.06	2.98	2.92	2.82	2.72	2.62	2.56	2.50	2.44	2.38	2.32	2.25
18	5.98	4.56	3.95	3.61	3.38	3.22	3.10	3.01	2.93	2.87	2.77	2.67	2.56	2.50	2.44	2.38	2.32	2.26	2.19
19	5.92	4.51	3.90	3.56	3.33	3.17	3.05	2.96	2.88	2.82	2.72	2.62	2.51	2.45	2.39	2.33	2.27	2.20	2.13
20	5.87	4.46	3.86	3.51	3.29	3.13	3.01	2.91	2.84	2.77	2.68	2.57	2.46	2.41	2.35	2.29	2.22	2.16	2.09
21	5.83	4.42	3.82	3.48	3.25	3.09	2.97	2.87	2.80	2.73	2.64	2.53	2.42	2.37	2.31	2.25	2.18	2.11	2.04
22	5.79	4.38	3.78	3.44	3.22	3.05	2.93	2.84	2.76	2.70	2.60	2.50	2.39	2.33	2.27	2.21	2.14	2.08	2.00
23	5.75	4.35	3.75	3.41	3.18	3.02	2.90	2.81	2.73	2.67	2.57	2.47	2.36	2.30	2.24	2.18	2.11	2.04	1.97
24	5.72	4.32	3.72	3.38	3.15	2.99	2.87	2.78	2.70	2.64	2.54	2.44	2.33	2.27	2.21	2.15	2.08	2.01	1.94
25	5.69	4.29	3.69	3.35	3.13	2.97	2.85	2.75	2.68	2.61	2.51	2.41	2.30	2.24	2.18	2.12	2.05	1.98	1.91
26	5.66	4.27	3.67	3.33	3.10	2.94	2.82	2.73	2.65	2.59	2.49	2.39	2.28	2.22	2.16	2.09	2.03	1.95	1.88
27	5.63	4.24	3.65	3.31	3.08	2.92	2.80	2.71	2.63	2.57	2.47	2.36	2.25	2.19	2.13	2.07	2.00	1.93	1.85
28	5.61	4.22	3.63	3.29	3.06	2.90	2.78	2.69	2.61	2.55	2.45	2.34	2.23	2.17	2.11	2.05	1.98	1.91	1.83
29	5.59	4.20	3.61	3.27	3.04	2.88	2.76	2.67	2.59	2.53	2.43	2.32	2.21	2.15	2.09	2.03	1.96	1.89	1.81
30	5.57	4.18	3.59	3.25	3.03	2.87	2.75	2.65	2.57	2.51	2.41	2.31	2.20	2.14	2.07	2.01	1.94	1.87	1.79
40	5.42	4.05	3.46	3.13	2.90	2.74	2.62	2.53	2.45	2.39	2.29	2.18	2.07	2.01	1.94	1.88	1.80	1.72	1.64
60	5.29	3.93	3.34	3.01	2.79	2.63	2.51	2.41	2.33	2.27	2.17	2.06	1.94	1.88	1.82	1.74	1.67	1.58	1.48
120	5.15	3.80	3.23	2.89	2.67	2.52	2.39	2.30	2.22	2.16	2.05	1.94	1.82	1.76	1.69	1.61	1.53	1.43	1.31
∞	5.02	3.69	3.12	2.79	2.57	2.41	2.29	2.19	2.11	2.05	1.94	1.83	1.71	1.64	1.57	1.48	1.39	1.27	1.00

付表 7　F 分布表 (3)　1% 点

自由度 n_1, n_2 : $P(F \geq F_0) = 0.01 \to F_0$

n_1 \ n_2	1	2	3	4	5	6	7	8	9	10	12	15	20	24	30	40	60	120	∞
1	4052	5000	5403	5625	5764	5859	5928	5982	6022	6056	6106	6157	6209	6235	6261	6287	6313	6339	6366
2	98.5	99.0	99.2	99.2	99.3	99.3	99.4	99.4	99.4	99.4	99.4	99.4	99.4	99.5	99.5	99.5	99.5	99.5	99.5
3	34.1	30.8	29.5	28.7	28.2	27.9	27.7	27.5	27.3	27.2	27.1	26.9	26.7	26.6	26.5	26.4	26.3	26.2	26.1
4	21.2	18.0	16.7	16.0	15.5	15.2	15.0	14.8	14.7	14.5	14.4	14.2	14.0	13.9	13.8	13.7	13.7	13.6	13.5
5	16.3	13.3	12.1	11.4	11.0	10.7	10.5	10.3	10.2	10.1	9.89	9.72	9.55	9.47	9.38	9.29	9.20	9.11	9.02
6	13.7	10.9	9.78	9.15	8.75	8.47	8.26	8.10	7.98	7.87	7.72	7.56	7.40	7.31	7.23	7.14	7.06	6.97	6.88
7	12.2	9.55	8.45	7.85	7.46	7.19	6.99	6.84	6.72	6.62	6.47	6.31	6.16	6.07	5.99	5.91	5.82	5.74	5.65
8	11.3	8.65	7.59	7.01	6.63	6.37	6.18	6.03	5.91	5.81	5.67	5.52	5.36	5.28	5.20	5.12	5.03	4.95	4.86
9	10.6	8.02	6.99	6.42	6.06	5.80	5.61	5.47	5.35	5.26	5.11	4.96	4.81	4.73	4.65	4.57	4.48	4.40	4.31
10	10.0	7.56	6.55	5.99	5.64	5.39	5.20	5.06	4.94	4.85	4.71	4.56	4.41	4.33	4.25	4.17	4.08	4.00	3.91
11	9.65	7.21	6.22	5.67	5.32	5.07	4.89	4.74	4.63	4.54	4.40	4.25	4.10	4.02	3.94	3.86	3.78	3.69	3.60
12	9.33	6.93	5.95	5.41	5.06	4.82	4.64	4.50	4.39	4.30	4.16	4.01	3.86	3.78	3.70	3.62	3.54	3.45	3.36
13	9.07	6.70	5.74	5.21	4.86	4.62	4.44	4.30	4.19	4.10	3.96	3.82	3.66	3.59	3.51	3.43	3.34	3.25	3.17
14	8.86	6.51	5.56	5.04	4.69	4.46	4.28	4.14	4.03	3.94	3.80	3.66	3.51	3.43	3.35	3.27	3.18	3.09	3.00
15	8.68	6.36	5.42	4.89	4.56	4.32	4.14	4.00	3.89	3.80	3.67	3.52	3.37	3.29	3.21	3.13	3.05	2.96	2.87
16	8.53	6.23	5.29	4.77	4.44	4.20	4.03	3.89	3.78	3.69	3.55	3.41	3.26	3.18	3.10	3.02	2.93	2.84	2.75
17	8.40	6.11	5.18	4.67	4.34	4.10	3.93	3.79	3.68	3.59	3.46	3.31	3.16	3.08	3.00	2.92	2.83	2.75	2.65
18	8.29	6.01	5.09	4.58	4.25	4.01	3.84	3.71	3.60	3.51	3.37	3.23	3.08	3.00	2.92	2.84	2.75	2.66	2.57
19	8.18	5.93	5.01	4.50	4.17	3.94	3.77	3.63	3.52	3.43	3.30	3.15	3.00	2.92	2.84	2.76	2.67	2.58	2.49
20	8.10	5.85	4.94	4.43	4.10	3.87	3.70	3.56	3.46	3.37	3.23	3.09	2.94	2.86	2.78	2.69	2.61	2.52	2.42
21	8.02	5.78	4.87	4.37	4.04	3.81	3.64	3.51	3.40	3.31	3.17	3.03	2.88	2.80	2.72	2.64	2.55	2.46	2.36
22	7.95	5.72	4.82	4.31	3.99	3.76	3.59	3.45	3.35	3.26	3.12	2.98	2.83	2.75	2.67	2.58	2.50	2.40	2.31
23	7.88	5.66	4.76	4.26	3.94	3.71	3.54	3.41	3.30	3.21	3.07	2.93	2.78	2.70	2.62	2.54	2.45	2.35	2.26
24	7.82	5.61	4.72	4.22	3.90	3.67	3.50	3.36	3.26	3.17	3.03	2.89	2.74	2.66	2.58	2.49	2.40	2.31	2.21
25	7.77	5.57	4.68	4.18	3.85	3.63	3.46	3.32	3.22	3.13	2.99	2.85	2.70	2.62	2.54	2.45	2.36	2.27	2.17
26	7.72	5.53	4.64	4.14	3.82	3.59	3.42	3.29	3.18	3.09	2.96	2.81	2.66	2.58	2.50	2.42	2.33	2.23	2.13
27	7.68	5.49	4.60	4.11	3.78	3.56	3.39	3.26	3.15	3.06	2.93	2.78	2.63	2.55	2.47	2.38	2.29	2.20	2.10
28	7.64	5.45	4.57	4.07	3.75	3.53	3.36	3.23	3.12	3.03	2.90	2.75	2.60	2.52	2.44	2.35	2.26	2.17	2.06
29	7.60	5.42	4.54	4.04	3.73	3.50	3.33	3.20	3.09	3.00	2.87	2.73	2.57	2.49	2.41	2.33	2.23	2.14	2.03
30	7.56	5.39	4.51	4.02	3.70	3.47	3.30	3.17	3.07	2.98	2.84	2.70	2.55	2.47	2.39	2.30	2.21	2.11	2.01
40	7.31	5.18	4.31	3.83	3.51	3.29	3.12	2.99	2.89	2.80	2.66	2.52	2.37	2.29	2.20	2.11	2.02	1.92	1.80
60	7.08	4.98	4.13	3.65	3.34	3.12	2.95	2.82	2.72	2.63	2.50	2.35	2.20	2.12	2.03	1.94	1.84	1.73	1.60
120	6.85	4.79	3.95	3.48	3.17	2.96	2.79	2.66	2.56	2.47	2.34	2.19	2.03	1.95	1.86	1.76	1.66	1.53	1.38
∞	6.63	4.61	3.78	3.32	3.02	2.80	2.64	2.51	2.41	2.32	2.18	2.04	1.88	1.79	1.70	1.59	1.47	1.32	1.00

付表8 z 変 換 表

$$z = \frac{1}{2}\log\frac{1+r}{1-r} \to r$$

z	.00	.01	.02	.03	.04	.05	.06	.07	.08	.09	平均差
.0	.0000	.0100	.0200	.0300	.0400	.0500	.0599	.0699	.0798	.0898	100
.1	.0997	.1096	.1194	.1293	.1391	.1489	.1586	.1684	.1781	.1877	98
.2	.1974	.2070	.2165	.2260	.2355	.2449	.2543	.2636	.2729	.2821	94
.3	.2913	.3004	.3095	.3185	.3275	.3364	.3452	.3540	.3627	.3714	89
.4	.3800	.3885	.3969	.4053	.4136	.4219	.4301	.4382	.4462	.4542	82
.5	.4621	.4699	.4777	.4854	.4930	.5005	.5080	.5154	.5227	.5299	75
.6	.5370	.5441	.5511	.5580	.5649	.5717	.5784	.5850	.5915	.5980	68
.7	.6044	.6107	.6169	.6231	.6291	.6351	.6411	.6469	.6527	.6584	60
.8	.6640	.6696	.6751	.6805	.6858	.6911	.6963	.7014	.7064	.7114	53
.9	.7163	.7211	.7259	.7306	.7352	.7398	.7443	.7487	.7531	.7574	46
1.0	.7616	.7658	.7699	.7739	.7779	.7818	.7857	.7895	.7932	.7969	39
1.1	.8005	.8041	.8076	.8110	.8144	.8178	.8210	.8243	.8275	.8306	33
1.2	.8337	.8367	.8397	.8426	.8455	.8483	.8511	.8538	.8565	.8591	28
1.3	.8617	.8643	.8668	.8692	.8717	.8741	.8764	.8787	.8810	.8832	24
1.4	.8854	.8875	.8896	.8917	.8937	.8957	.8977	.8996	.9015	.9033	20
1.5	.9051	.9069	.9087	.9104	.9121	.9138	.9154	.9170	.9186	.9201	17
1.6	.9217	.9232	.9246	.9261	.9275	.9289	.9302	.9316	.9329	.9341	14
1.7	.9354	.9366	.9379	.9391	.9402	.9414	.9425	.9436	.9447	.9458	12
1.8	.94681	.94783	.94884	.94983	.95080	.95175	.95268	.95359	.95449	.95537	95
1.9	.95624	.95709	.95792	.95873	.95953	.96032	.96109	.96185	.96259	.96331	79
2.0	.96403	.96473	.96541	.96609	.96675	.96739	.96803	.96865	.96926	.96986	65
2.1	.97045	.97103	.97159	.97215	.97269	.97323	.97375	.97426	.97477	.97526	53
2.2	.97574	.97622	.97668	.97714	.97759	.97803	.97846	.97888	.97929	.97970	44
2.3	.98010	.98049	.98087	.98124	.98161	.98197	.98233	.98267	.98301	.98335	36
2.4	.98367	.98399	.98431	.98462	.98492	.98522	.98551	.98579	.98607	.98635	30
2.5	.98661	.98688	.98714	.98739	.98764	.98788	.98812	.98835	.98858	.98881	24
2.6	.98903	.98924	.98945	.98966	.98987	.99007	.99026	.99045	.99064	.99083	20
2.7	.99101	.99118	.99136	.99153	.99170	.99186	.99202	.99218	.99233	.99248	16
2.8	.99263	.99278	.99292	.99306	.99320	.99333	.99346	.99359	.99372	.99384	13
2.9	.99396	.99408	.99420	.99431	.99443	.99454	.99464	.99475	.99485	.99495	11

	0.	.1	.2	.3	.4	.5	.6	7.	.8	.9	
3	.99505	.99595	.99668	.99728	.99777	.99818	.99851	.99878	.99900	.99918	—
4	.99933	.99945	.99955	.99963	.99970	.99975	.99980	.99983	.99986	.99989	—

さくいん

あ 行

イェーツの修正　96
一様分布　38
x の y への回帰係数　18
x の y への回帰直線　17
F 分布　53

か 行

回帰係数　19
回帰直線　15
階　級　1
階級値　1
χ^2（カイ2乗）分布　49
階級の数　2
確　率　24
確率の公理　25
確率分布　28
　　　離散的な場合の——　28
　　　連続的な場合の——　31
確率変数　27, 28
確率密度関数　31
仮　説　72
片側検定　73
加法定理
　　　確率の——　25
完全相関　15
ガンマー関数　50
棄却域　73
危険率　73
規準化　41
期待値　33
帰無仮説　73
級　1

級間隔　1
空事象　23
区間推定　57, 59
検　定　72
根元事象　22

さ 行

最小2乗法　17
最頻値　4, 6
散布度　4, 7
散布図　12
試　行　22
事　象　22, 23
事象の演算　23
指数分布　40
実現値　46
乗法定理
　　　確率の——　27
数学的確率　24
自由度
　　　F 分布の——　53
　　　χ^2 分布の——　49
　　　t 分布の——　51
条件つき確率　26
信頼係数　59
信頼区間　59
信頼限界　59
推　定　57
推定量　57
正規分布　41
正規母集団　47
正の相関　14
積事象　23
z 変換　69

全事象　23
全数調査　46
相関がない　14
相関関係　14
相関係数　14, 15
相関図　13
相対度数分布（表）　3

た　行

第1種の誤り　74
第2種の誤り　74
代表値　4, 6
対立仮説　73
単純仮説　89
直線の式　17
中央値　4, 6
柱状図　3
中心極限定理　47
データの整理　1
t 分布　51
適合度の検定　89
点推定　57
統計的確率　24
統計量　47, 57
独　立
　　事象の――　27
独立性の検定　92
度　数　1
度数分布表　1
ド・モルガンの法則　24

な　行

2項分布　35, 49, 66, 72
任意標本　46

は　行

排反事象　23
範　囲　4, 7
ヒストグラム　2
非復元抽出法　46
標準化　41

標準正規分布　41
標準偏差　4, 8
標　本　46
標本空間　22
標本点　22
標本調査　46
標本分布　47
標本分散　47, 58
標本平均　47
標本比率　47, 49
復元抽出法　46
複合仮説　91
複合事象　22
負の相関　14
不偏推定量　58
不偏分散　59
分割表　92
分　散　4, 8, 33
分散比の検定　79, 81
分布関数　28, 36
　　離散的な場合の――　28
　　連続的な場合の――　31
平均値　4, 5, 33
平方和　8
偏　差　8
変　量　1
ポアソン分布　36
補間法
　　F 分布の――　56
　　χ^2 分布の――　51
　　t 分布の――　53
母集団　46
母集団比率　49
母集団分布　46
母　数　47, 57
母相関係数の推定　69
母相関係数の検定　86
母分散　8, 47, 58
　　――の検定　83
　　――の推定　63
母比率の検定　87

母比率の推定　66
母平均　47, 57
　　——の検定　74
　　——の差の検定　77
　　——の推定　60

ま　行

無限母集団　46
無作為標本　46
無相関　14
メジアン　6
モード　6

や　行

有意水準　73

有限母集団　46
余事象　23

ら　行

離散変量　1
両側検定　73
累積相対度数分布（表）　3
累積度数分布（表）　3
連続変量　1

わ　行

y の x への回帰係数　18
y の x への回帰直線　17
和事象　23

著者略歴

伊藤　正義（いとう　まさよし）
- 1935 年　北海道生れ
- 1960 年　東京理科大学理学部数学科卒業
- 現　在　北海道工業大学名誉教授・工学博士
- 著　書　数理統計入門（共著）／森北出版
  　　　　初等統計解析（共著）／森北出版

伊藤　公紀（いとう　こうき）
- 1964 年　北海道生れ
- 1994 年　北海道大学大学院博士課程修了
- 現　在　札幌大学地域共創学群教授・博士（工学）
- 著　書　muLISP 基本ガイドブック（共著）／森北出版

わかりやすい 数理統計の基礎　　　　© 伊藤正義・伊藤公紀　2002

2002 年 3 月 25 日　第 1 版第 1 刷発行　　【本書の無断転載を禁ず】
2018 年 3 月 9 日　第 1 版第 11 刷発行

著　者　伊藤正義・伊藤公紀
発行者　森北博巳
発行所　森北出版株式会社
　　　　東京都千代田区富士見 1-4-11（〒102-0071）
　　　　電話 03-3265-8341／FAX 03-3264-8709
　　　　http://www.morikita.co.jp/
　　　　日本書籍出版協会・自然科学書協会　会員
　　　　JCOPY ＜（社）出版者著作権管理機構 委託出版物＞

落丁・乱丁本はお取り替えいたします　　印刷／太洋社・製本／協栄製本

Printed in Japan ／ ISBN978-4-627-09501-4